阅读成就思想……

Read to Achieve

问题4

如何客观地衡量孩子的人生?

1. 如何客观地衡我的人生? → 先帮他们找4个关键, 诞生
   为儿女家长, 同时为了成长
2. 我要你可以从心键事件吗? → 5个概要
3. 如何用这些不正正的事? → 3个行为
4. 你不有没有离开, 不能后发生吗? → 考虑感觉的真相: 咖
   啡杯
5. 你要来关键物吗? → 3个生命的几
6. 都它片的你按案 → 3的提画

提咖: 咖啡推杯, 变可仕样, 关化, 同时为了成长

阅想·心理成长系列

你想活出怎样的人生

摆渡船上的人生哲学

董佳韵 著

中国人民大学出版社
·北京·

图书在版编目（CIP）数据

你想活出怎样的人生：摆渡船上的人生哲学 / 董佳韵著. -- 北京：中国人民大学出版社，2025.3.
ISBN 978-7-300-33622-0

Ⅰ. B821-49

中国国家版本馆CIP数据核字第2025G4A574号

你想活出怎样的人生：摆渡船上的人生哲学
董佳韵　著
NI XIANG HUOCHU ZENYANG DE RENSHENG：BAIDUCHUAN SHANG DE RENSHENG ZHEXUE

出版发行	中国人民大学出版社		
社　　址	北京中关村大街31号	邮政编码	100080
电　　话	010-62511242（总编室）	010-62511770（质管部）	
	010-82501766（邮购部）	010-62514148（门市部）	
	010-62515195（发行公司）	010-62515275（盗版举报）	
网　　址	http://www.crup.com.cn		
经　　销	新华书店		
印　　刷	天津中印联印务有限公司		
开　　本	890 mm×1240 mm　1/32	版　次	2025年3月第1版
印　　张	7.5　插页1	印　次	2025年3月第1次印刷
字　　数	160 000	定　价	59.90元

版权所有　　侵权必究　　印装差错　　负责调换

推荐序

我确信当今这个时代一定是个女性崛起的时代。

"欲戴王冠,必承其重",女性的崛起也要付出更多的代价。

其一,职场晋升的天花板一直是在的,虽然现在越来越透明化了,没人敢说它存在,但是它一直都在。这个天花板也可能是深藏在男人的心理冰山之下,也可能是藏在女人的公交车踏板效应里。总之,捅破这层板子还是需要智慧和勇气的。

其二,无薪酬劳动,女人还是要比男人每天多好几个小时。尤其是养孩子这件事,虎妈鱼爸的现象越来越普遍。妈妈越来越不慈祥,把爸爸那份严厉也照单全收了,既当爹又当妈,而爸爸像鱼一样潜在水中,偶尔露个头吐口气而已。所以现在爸爸、妈妈、孩子心情都不是很爽,家庭关系有点乱,越是简单越不好理。

其三,女性的大脑和激素系统导致女性终生出现焦虑抑郁等精神心理问题的概率会比男人多得多,青春期、月经期、恋爱期、围产期、更年期都可能在激素水平的起伏跌宕中备受煎熬。所以,生而为女人，真的不容易。

好在，女人更愿意倾诉、更愿意学习、更愿意成长。

这不，董佳韵女士的新书《你想活出怎样的人生：摆渡船上的人生哲学》就要出版了。她讲的就是女人在职场打拼时的困惑、在个人发展中的瓶颈、在驾驭金钱时的焦虑、在直面亲人生死时的痛苦与领悟、在突如其来的多重压力面前的应激反应、在重新面对情感抉择和人生选择时的自我冲突与挣扎……其实不论男人女人，在人生历程中都要面对心灵河流的冲击。那么，在面对焦虑、迷茫、金钱、活法四大人生课题时，心理学提供了怎样的视角、理论、工具和解决方向呢？

董佳韵女士在书中不停地变换角色，让读者借助"白大仙"（隐喻为咨询师或人生导师）、"摆渡船"的形象，通过在"神秘空间"（暗喻咨询室）和"现实"的二重场景切换，实现在咨询室内的自我探索和认知成长，以及在咨询室外的实践成长。

希望读者和作者一起，进入这本书的故事情节中，开展一场人生心理主题的剧本杀。也许当你从剧本中走出时，已经解决了自己很多的心理困惑，学会了很多心理学的技术与方法，甚至变成了一艘发着光的摆渡船。

贺岭峰

上海体育大学心理学院教授

2024 年 11 月 26 日于上海九号站健心房

序言

我有一个发现

嗨,许久不见。很高兴再次以文字的方式遇见你、陪伴你。

自从我撰写的《跨界力》和《跨界成长》两本书与读者见面后,我的生命发生了巨大的变化。严格地说,是从七年前(我 30 岁)开始,我的人生就已经在酝酿这一场"上天入地"[①]了。

幸运的是,我不仅活了过来,还比七年前活得更畅快,更喜欢自己。

可七年前的那段经历却让我痛不欲生(比本书中的女主还要惨)。

在爬出来的那些年,我有了一个发现:

---

① 详见本书后面的《附录二:我的朋友圈·写于 2024 年 2 月 3 日》

你想活出怎样的人生
✦ 摆渡船上的人生哲学

我们每个人在不同年龄阶段都会经历"感觉迈不过去"的坎儿。前路的艰难、发展中的瓶颈、金钱的焦虑、突如其来的多重压力、初次面对生死课题、重新面对人生选择、生活中的冲突、关系中的压抑……这一切充满着迷茫、焦虑、痛苦,在那个时刻,我们的四周像被笼罩着重重的迷雾,看不到出路;像被织了密密的网,动弹不得;像被压着重重的石头,近乎喘不过气;像被封锁进密闭的黑暗角落,恐惧又无助。

你,或你身边的朋友,经历过吗?

如果你愿意,请把你的手掌摊开,掌心向下,放在这里——没错,就是你现在正在看的这个地方——允许我跨越时间和空间,以这样的隔空方式,与你掌心相对,传递给你一丝温暖和力量:

老天给我们的人生准备了许多份礼物,只是有的包裹着痛苦的外衣。撕开它,你会发现这些都会变成你未来的福气。

这样的福气,往往以重要时刻的方式出现:顿悟时刻、开窍时刻、重生时刻……

这些重要时刻的出现,几乎能彻底改变我们的人生轨迹。但它们却时常伴随着我们唯恐避之不及的"低谷"。

可"低谷"对我们每个人而言,未必只有"沼泽池"这一副面孔,也许,它是"弹床"也说不定,借由这股低谷之力,我们可以将自己"弹出来",弹得更高……

这是我在一次给学员上课时分享的一个观点,我特别清楚地记得，满屏幕滚动着大家自发打出来的一句话：

从低谷弹出来。

从低谷弹出来。

从低谷弹出来。

……

在那一刻，这六个字像一个开关，又像大家送给自己的一个坚定的信念。从那之后，有些正在经历人生转折的学员变得更加勇敢，昨天我看到他们在班级群里说：

- 自从跟大家认识之后，我的内在力量增加了很多；
- 我也是，最近我也勇敢地做了选择。

他们开始一点点地尝试接纳人生中发生的事，开始对未来充满期待，开始相信自己可以重新换种活法，相信现在就是那个重要时刻。

这就是"想法"的威力，也是"转念"的厉害之处。

可是，真正要在生命中做到"弹"这个字，的确没有我们说起来容易。

转念也只是众多技巧之一而已。

在做心理咨询的时候，我还明显地感受到另一件事：大家的困扰形形色色，即便看似同一类困扰，背后的真相往往大相径庭。

写完前两本书后，我收到了大量的读者来信，有些书友对我说：

- 我一边看书一边哭，感觉看到了我自己的影子；
- 我一边读一边心跳加速，对，我就是想这样发光；
- 一边记笔记一边思考，我的后半生要怎样的活法呢？

他们给我写了很长的信，向我诉说他们的心声：

- 我正在面临金钱压力、焦虑、迷茫、胆怯、恐惧；
- 我正在初次面对家庭中的生老病死的大事，或忙碌奔波身心俱疲，或正在努力走出丧恸；
- 我正在独自一人抚养孩子和照顾老人，虽然艰辛、无助，却只能咬牙硬撑；
- 我正在面对职场或某个群体的不公平对待，无奈却又不甘心；
- 为了还贷日日辛苦工作，我每天都顶着月亮下班，周末也不得休息；
- 虽然拥有很长一串数字的存款，可我总觉得少点什么，并不快乐；
- 我放弃了自己的事业，专心照顾另一半的生意，生意不错，却依旧没有安全感；
- 为了孩子回归了家庭，我放弃了蒸蒸日上的事业，却被嫌弃无收入；
- 我经历了人生的多重低谷，正在寻找希望；
- 我想要改变一成不变的生活，正在寻找人生的意义和价值；
- 我淋过雨，也见过太多淋过雨的人，我想为别人撑一把伞；

序言

- 我想成为一束光,照亮更多人;
- 一位律师曾对我说过"一个人请律师的时候一定是人生当中最困难的时候",我想成为帮助他们蹚过人生泥淖的拐杖。

每次听到这些,我总是一阵心疼、一阵感动。我懂他们的无助、迷茫、焦虑、痛苦;懂他们渴望改变现状,找到出路的心情;懂他们想要照亮这个世界,成为一束光、成为一名英雄的愿力。

与此同时,我也知道有另外一群人[①],他们:

- 正在过着全球旅居或旅行办公的生活;
- 不上班,仅仅靠投资和理财,每年收入 7 位数;
- 一边工作,一边利用业余时间做着自己热爱的事情,发挥着人生的价值;
- 每天睡到自然醒,陪伴家人、看书、养花、遛狗,靠自由职业养活自己;
- 不断实现着自己的各种梦想,例如成为作家、出国进修、沙漠徒步、成为讲师、成为咨询师、开家书店、开家公司、有钱有闲;
- 每年都帮助很多家庭,为他们解决家庭烦恼,并获得六七位数的收入;
- 不论年龄 30+、40+、50+,都勇敢选择了重新开始;
- 时常去福利院奉献爱心,为那里的人送去温暖。

---

① 这些举例均来自学员和来访者的真实故事,非虚构。

每次看到他们，我总是很开心，甚至比他们自己还要开心。我喜欢听他们的故事，更喜欢听他们分享他们如何活成现在这种既"心满意足"又令人"怦然心动"的生活状态。

每个人的人生都不同，打个比方，有的人活出了分身乏术、内耗焦虑、身心俱疲的"八爪鱼"人生；或是处处受限、卡点重重、委屈憋闷的"大闸蟹"人生；而有的人却活出了自在畅快、得偿所愿、幸福惬意的"飞鱼"人生。我一直在想，一定有一座"彩虹桥"，可以让前者摆脱现在的困扰，实现他们真正想要的美好人生——不是想象，而是成为现实。

然而很遗憾的是，许多人无论如何努力都无法如愿，因为他们遇到了无形的阻碍：

- 他们不明白生活为何会变成现在这样？
- 他们不清晰自己真正想要的是什么？
- 他们不明白自己除了妥协和认命之外还能做什么？
- 他们不知道前面还有什么路？怎么过去？
- 他们不相信自己真的可以实现心愿。

....

这就是我们"思想之墙"的威力，也是"限制性信念"的厉害之处。

我们的思想是过去的经历、经验、记忆的综合，旧有的思想只会带来旧有的行动，旧有的行动也只能带来旧有的结果。

而改变的发生,并不来自冥思苦想,而是来自新东西的闯入。就像一颗球向前滚动着,如果想要改变其运动轨迹,就需要有一个力作用在这颗球上。

在人生中,这个力的发生我们把它称为"植入"。就像 ABCDE 法则^①中的 D 一样,改变了对事物的认知、看法,才会带来新的感受、行为、结果。

而这个变化的过程,你觉得像不像咱们的电脑软件升级的过程?低配的软件满足不了我们的操作需求时,就会出现"卡顿""不流畅""闪退"等现象,当我们将软件进行了刷新和升级后,再次使用的流畅度、功能、体验感都变得更丝滑。

我们的生命也是如此,D 的植入也是在刷新和升级我们的生命软件系统。

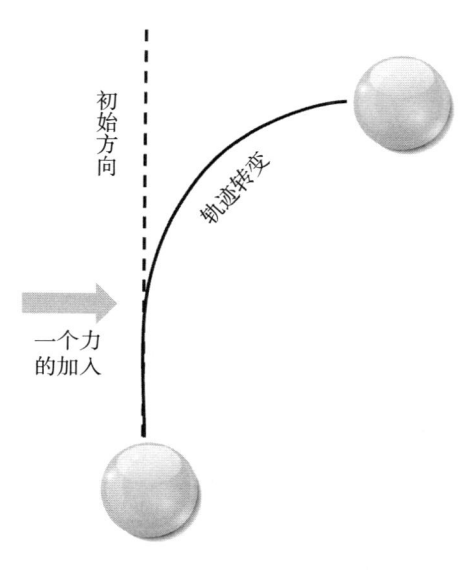

当然,除了"植入"以外,提升生命软件系统其实一共有四个重

---

① ABCDE 法则是 ABC 理论的升级版,ABC 理论是由美国著名心理学家阿尔伯特·埃利斯(Albert Ellis)倡导的合理情绪疗法。其中,A 是某个外部事件,B 是对这个行为或事实的解读、想法、评价、态度和信念,C 是情绪和行为反应的结果。植入一个新的信念 D 来取代原有的信念,借以改变原有信念 B 以及所带来的 C。改变成功,便能产生有效的新的反应 E。

要核心：觉察、消除、植入、转化。

而这也是我在前面说的那个"发现"之后找到的答案。

"迈不过去"的时候、生命"卡顿"的时候，恰恰是要升级生命软件系统的时候，更是拆开"礼物"的时候。

关于这本书

因此，通过这本书，我想带着你探寻面对人生"卡顿时刻"的四个重要问题的答案。

问题一，外部探索：我究竟怎么了？我想要什么？

重新定义当下的困扰，探索我们究竟怎么了？

探索隐藏BOSS，觉察我们真正想要的是什么？

——这是"觉察"。

问题二，内部探索：我想怎么活着？

摆脱束缚，消除无意识的影响，感悟"死"，品味"生"，重新"活"。

——这是"消除"。

问题三，未来探索：我的生命灯打开了吗？

重新打开生命的灯，看见更多的人生可能，掌握自己的人生遥控器，描绘你作为主人公的生命环。

——这是"植入"。

问题四，心想事成：我如何实现心满意足的人生？

勇敢地找回自己，让人生的根系更扎实，一步步脚踏实地地向前走，迎接心想事成的时刻。

——这是"转化"。

这里面可以使用的工具、方法非常多，但我发现人在遇到挫折和低谷时很难静下心来，面对大量的、纯干货类的书很难读进去。我当年也是如此，明知有些书非常专业、非常实用，但就是静不下心来读，抓耳挠腮。

神奇的是，那些带有故事性的指导书给了我很大的启发。

于是，我决定这本书以奇幻境遇的故事方式来展现，把大量干货悄悄融入其中。也许，能让你读起来更轻松、有趣、治愈。

这本书里藏着很多的心意。

其一，情节。

书里的主人公通过"升职破灭、经济压力暴增、父亲重病、感情破裂"四件事，引出本书要探讨的上述四个问题清单。最终主人公挺了过来，涅槃重生：从最初对"升职和金钱的执着"，到明白"自己真正想要的是怎样的人生"，最终找到了人生存在的意义（purpose for existing，PFE）；勇敢面对生命课题，重新抉择改写了人生；实现了内在升华、行为变化、人生活法的改变。

而这些跌宕起伏的故事和转变并非完全虚构，许多情节来源于真实的故事。且真实的故事更令人心痛和感动，为了保护案主的隐私，在创作故事时做了相应的处理。

其二，隐喻。

书中以"白大仙"（隐喻为咨询师或人生导师，在你的重要时刻给过你帮助和启发的人）、"摆渡船"的形象，通过在"神秘空间"（暗喻咨询室）和"现实"的二重场景切换，实现在咨询室内的自我探索、认知成长，以及咨询室外的实践成长。

你在阅读的时候，可以带入自己的困扰，和白大仙交流获得启发，也可以跟随主人公的实践历程，来完成自己的实践。

除此以外，书里还设计了许多的隐喻。如果你找到了，欢迎来揭秘，看谁揭秘的最多（通道在本书结尾处）。

其三，知识。

书中的干货知识点藏在两个地方：一是"白大仙"的咨询引导；二是主人公嘉馨在现实中的实践。

在这本书里，不仅提到了"生命线记录图""生命环""生命清单""打开生命灯的四种方法""原生动力系统""驾驶动力系统"等重要的工具模型，也融合了心理学、生涯发展、人生哲学等多个维度。希望能够带给你温暖、治愈的感受，并能让你一点点找到自己的答案。

最后，我想说，我想写这本书其实还有一个私心。

虽然我常收到课程学员和咨询来访者的信息，他们或感动或兴奋地对我说着他们人生中的各种变化，诸如"我不再迷茫了""我的焦虑问题解决了""一团乱麻的困扰清晰了""越来越有能量了""收入越来越多了""欣喜时刻越来越多了"……看到他们的状态改变，我

序言

  由衷地觉得"人生摆渡人"是一件无比有意义的事，我也无比地迷恋写书、讲课和咨询，无比坚定地助人发光这件事是多么有价值。但与此同时，我也很清楚另一件事：以一人之力能帮助的人真的很有限。

  所以，我写这本书，不仅期望能够帮助更多遇到困扰的人摆脱迷茫、走出人生的灰暗时刻、重新找到生命的火花、成为发光的自己（这是我此生一直在做的事，也是后半生会坚定继续做的事），也期望能够点亮更多有同样梦想和使命的人，让世间拥有越来越多的人生导师，一起汇聚成璀璨的星河，点亮那些正默默仰望星空的生命。

  你愿意吗？

董佳韵
2024 年 3 月 31 日晚

致谢

最后,我想真心地说声感谢。

感谢此刻翻开此页的你,无论你是在某家书店偶然拿起了此书,或是你的某位朋友特意送你此书,又或你是我多年的书友特意寻来此书……我都想真心地对你说声感谢,感谢你愿意走进一个奇幻的故事,走进嘉馨和白大仙的世界,愿你能找到属于自己的答案。

这本书在创作之初,经过了一稿又一稿的策划,最终才成为你眼前的样子。创作故事是有趣的,因为我仿佛进入了另一个世界;但在呈现之初,又的确使我头大。

创作一本书,真的就像孕育一个孩子。幸运的是,这个特别的"孩子"在孕育之初就有一位善良美好的"干妈"——编辑石慧勤女士,温柔地守护着它的降生。

"嗨,孩儿它干妈"。

"我在呢。"

"这里咱们会不会让女主太惨了点儿?好心疼啊。"

"风雨过后，必有大福。"

于是，在创作的时候，我切身地体会着一件事——也许，我们的人生也是一部剧本呢？与写作剧本唯一的区别（也是我们值得庆幸的）是：我们的人生剧本，可以由我们自己来设计[①]。

参与本书设计的，还有这本书的责任编辑张亚捷先生，我们一致希望此书能带给你轻松、治愈、收获的感觉。他对书稿细节的把握，对设计和呈现的用心，让我看到了一位资深出版人令人敬佩的修为，这并不仅仅是一份工作，更是文字工作者浓浓的使命感。

每个人都可能会在某个特别的时刻遇见某个特别的领路人，他们就像书中的白大仙一样，点亮我们的生命之灯，从此，我们的人生走上了一段特别的路。

借此机会，我要真诚地感恩我的心理学导师、著名心理学家贺岭峰教授！在我学习心理学之初，就特别期待能学到如何将多种心理学流派和技术整合起来灵活应用，如何能学习得轻松通透而不沉重。当得知贺老师的整合心理学后我如获至宝，在此一路上，贺老师都给予我极大的能量和支持。此次又能荣幸地邀请到贺老师在百忙之中亲自为本书作序（他经常在全国各地受邀讲学，近期又忙着他的新书《和孩子做队友》的出版事宜），真的是无比感激。

同样要特别感谢的还有著名心理学家岳晓东老师。最早涉足心理

[①] 除此以外，作者在《灵魂的出生前计划》一书中指出，我们的人生剧情是我们的灵魂在出生前自己选择的，为了体验某种经历，完成某个梦想、目标，并实现灵魂的成长。

致 谢

学领域时，我学习的就是他的著作《登天的感觉》，你一定很熟悉吧，近来得知岳老师新研发了一套 PE 积极情绪卡牌，再次帮助到无数咨询师和来访者，更是赞叹不已。本书能得到岳老师的倾情推荐，无比感激。

这所有的所有，这每一份的鼓励和支持，都是我始料未及的心想事成的欢喜。

感谢所有一直在期待本书的朋友们，感谢我能有幸成为你生命中的心愿摆渡人，你们的期待，给了我无限的勇气和动力。

最后，我想悄悄地感谢我的父亲。虽然他已经和他的亲人在某个美好的地方团聚，但此生他给了我难以忘怀的爱和安全感。他让我体会到了被爱和被允许，让我体会到了无条件的支持和信任，让我看到了善良和担当。

他总说我是他的骄傲，总在他的朋友面前合不拢嘴地介绍"这是我家千金"。

我喜欢看父亲读报纸和写字的样子，喜欢问他问题，也喜欢他在我小时候送我去学书法、美术的路上总是笑嘻嘻的样子。

学习是快乐的，人生是自己的。在父亲这里，他给了我极大的自由和鼓励，也让我爱上了探索和文字。

亲爱的书友们，请允许我在这里，悄悄地对远方的他说一句：

"爸，你的千金，现在生活得很好。"

祝愿所有的书友，都能遇见你的摆渡船，找到你的生命火花，成为发光的自己。

目 录

第一部 你究竟想要什么

01 耗竭来临：这一刻，人间不再值得 /003

02 初遇摆渡船：命由我作，福自己求 /009

03 遇见摆渡人：开启奇妙之旅 /019

04 无论开心或者糟心，都藏着答案 /026

05 很脏，但很现实 /034

06 那些拼了命的奋斗，不过是场迷局 /037

第二部 你想怎么活着

07 "你以为你想要的"未必是"你真正想要的" /053

08 终于明白，为何我明明那么努力，却变得那么糟糕 /066

09 与死神对话：生死面前，万事皆休 /075

10 探梦：你的梦里藏着什么信息 /083

11 遗愿清单：人总是要"死"的，重要的是怎么"活" /096

第三部 打开你的"生命之灯"

12 生命之灯：恐惧，来自对黑暗的想象和未知 /103

13 路灯亮了：活出自我的人，都有一个"亮灯时刻" /114

14 车灯亮了：画出"生命环"的一刻，生命火花已被悄悄点燃 /127

15 启明灯亮了：我的 PFE 就是成为"人生摆渡人" /136

16 暗淡时刻：动摇，来自对评价的认同 /142

17 考取你的"人生驾驶证" /148

第四部 实现心满意足的人生

18 生命清单：从梦想到现实的关键四步 /165

目 录

19　快告诉我"心想事成"的秘密　/178
20　"以后"谁都说不准，能把握的只有"现在"　/182
21　最后的秘密：像植物一样活着　/186
22　你也会在任何时候，成为任何样子　/194

附录一　这本书的隐藏用法

心想事成·白大仙的月光锦囊　/200
步履不停·有效行动指南　/200
勇往直前·摆渡船上的人生哲学　/203

附录二　我的朋友圈·写于 2024 年 2 月 3 日

37 岁生日会：我没说过的故事　/209

后 记　白大仙来信了

第一部
一、你究竟想要什么

看清问题，明确渴望/目标

✦ 你怎么了——寻找幕后 BOSS

✦ 你真正想要的是什么——两个探索技巧

✦ 你看懂你的剧情了吗——三种人生剧情

✦ 你的"金钱源动力"是什么——寻找隐藏真相

01

耗竭来临：这一刻，人间不再值得

"是的，人总是会死的……是会死的……"

"那我干吗要这么狼狈、痛苦地活……着……"

"还不如……"

一只纤细的胳膊毫无气力地垂落在沙发边，手里握着被捏得七扭八歪的啤酒罐。地上一片狼藉，五六个啤酒罐或东倒西歪地躺着，或瘪瘪地蜷缩着——和它们的主人一样。

它们的主人，嗨，原本一头又黑又长的头发，此刻像个拖把条一样披在脸上。一绺一绺湿嗒嗒的头发缝隙中，透出嘉馨满脸的红晕，还有花了妆的眼眶——这模样真是惨不忍睹，幸好嘉馨没有照镜子。

幸好，家里只有她自己——150平方米的房间里，一直以来都只有她自己。

嘉馨瘫坐在地上一动不动，只有肩膀和胸口随着呼吸起伏着。

"哎呀呀！快跑啊！"

"下冰雹啦,下冰雹啦!"

落地窗上响起劈里啪啦的声音,窗外的树影摇曳得像发疯一样。是啊,下冰雹了。小时候嘉馨最喜欢捡冰雹玩了,可是此刻,她却没有任何的心情,甚至有些闷得喘不过气来——公司里的新领导到处发狂,为什么天气也要跟着发狂?

忽然,她猛地从沙发上弹起,愤怒地将手里的啤酒罐向对面砸去,正击中一幅相框:

"混蛋,凭什么……"

照片上,是她带领团队连续熬了两周、日夜奋战后的庆功宴。想到12年来自己为公司夜以继日的付出,想到期盼已久的升职竟然泡汤,更可恨的是,顶替她的竟然是"一只冷血魔头"。

"为什么不是我?"

嘉馨的愤怒、委屈、不甘、恐惧杂糅在一起,再也忍不住了,身体向沙发一倒,又闷头痛哭起来……

32岁的嘉馨,自从大学本科毕业就在这家跨国公司工作。

她原本以为,自己会在这家公司一直干下去,具体干到什么时间,她从未细细地考虑过,也许一直干到干不动为止……即便发小嘲笑她天真,即便她知道自己不擅长"暗潮汹涌"的"钩心斗角",即便她忙到头脚倒悬,一周暴瘦10斤直到住院,她也不以为然,因为她坚定地认为:

"你以为是谁想来就能来的吗?要通过5轮面试呢!"

"你知道有多少人想进来吗?这可是500强!世界的!"

"我上学的时候,就想做一个 office lady！在高高的写字楼,漂亮的工作室……"

每当嘉馨和她的发小聊起自己的梦想,总是一脸的向往。

发小再次毫不客气地打断:"停！你以为你是电视女主角吗？好好瞅瞅你在哪儿？"发小敲了敲床边的灰色金属扶手,"你瞅瞅这上面吊着的是啥？是锦旗吗？是输液瓶！是输液瓶！有你这么傻的吗？你以为你拼命就能升职了？你跟我说说你是咋做到一周瘦了10斤的？你让我也减减肥……"

果然还是那个嘴炮发小,一点面子不留。一顿数落下来,整个病房的人都在盯着嘉馨。

嘉馨刚准备伸手去拿枕边的病历单,发小一把夺了过去开始念道:"肠……易激综合征、肠胃炎、重度……胃下垂,重度？你的胃垂到哪儿了？让我摸摸！"

"还在身体里呢,没掉出来！"

"你看看你,你这是赚了多少钱啊,把自己折腾成这样？"

"又不是我想一天跑二三十趟厕所的……"

"那不虚脱了才怪,跟我说实话,你为什么没请假休息,又为什么会晕倒在路上？"

"……"

"赶紧说,不然我就给阿姨打电话。"

"你！你给她打电话干啥,净惹她担心。不许打！"

"那你快说……"

架不住发小一直追问,嘉馨不得不和盘托出。

这周，嘉馨总是拉肚子，但手中项目太多根本顾不得请假，只随意吃了点止泻药。没想到一周过去身体情况不仅丝毫不见好转，还每天二三十趟地往厕所跑，本就不胖的她又瘦了10斤。医生强烈要求她做个胃镜检查，她这才不得已向公司请了一天假。

可没承想，第二天回到公司后，部门领导竟然……换了！

嘉馨正在疑惑张头儿[①]去了哪里，就听到一个霸气的男中音："一分钟后，所有人会议室开会！"嘉馨不由自主地打了一个冷战。会议室里，新领导冷冽的目光从每个人身上扫过，大家只觉得后背凉风阵阵。

他嘴角泛起一丝轻蔑的笑意："今天起，品牌部由我来暂代管理！你看看你们这部门怎么'打仗'？怀孕的怀孕，弱不禁风的弱不禁风，我看能干活儿的没几个，老张以前都是怎么带你们的？！不过他也回不来了！我可和老张不一样。今天所有人都去市场做调研，到各大卖场、沿街店铺拜访，不到天黑不许回家。"

第一次见面就这么吓人的吗？嘉馨瞥了一眼新领导的胸牌：雷大壮（销售部大区经理）。

"你就是嘉馨？昨天没来？"新领导的目光落到了嘉馨身上。

"抱歉，领导，我昨天请假去医院了。"

"去医院干啥呢？什么重病？"

"嗯……不算是重病，是肠易激综合征和肠胃炎，前阵子拉肚子一直不见好，医生让去做个胃镜。"

"什么症？易激？不能激动是吧？那以后得哄着你？就你这身板

[①] 张头儿，品牌部负责人，嘉馨的老领导，也是嘉馨的职场导师，一直在培养嘉馨。

儿是怎么被老张看上的？小脸儿一点血色都没有，你这能干啥事？多出去跑跑市场，练练身体，回回血。"

"好的，领导。"

散会后，嘉馨走到领导面前："领导，我有个不情之请，我这会儿实在感觉有些虚，不太舒服，外面又 42℃，我能不能申请稍微晚会儿去，但我保证今天一定完成任务。"

"就是大太阳，你才得去晒晒。你看看你们部门，都是坐办公室坐成这样了，这样怎么当我的兵？赶紧去，10 分钟内必须离开公司。"

从会议室出来，同事的脸色一个赛一个地乌云密布。全公司的人都正涌向食堂，只有品牌部这个部门空荡荡，他们拎起包就下楼，恨不得立刻从办公室消失，没有一个人留在公司食堂吃口午饭。

一位怀孕的同事摩挲着肚子："哎呀妈啊，吓坏我了，刚才我的肚子一直动。"

"这果然是从销售来的，听说管销售的时候脾气就不好。"

"这是给咱来下马威吗？说咱们部门的人不能干活，那么多活儿都谁干的？用销售的一套来管咱们品牌部，真是的……我的品牌方案还没做完呢。"

"别说啦，快走……"

嘉馨一边听着同事们嘀咕，一边揉着自己的胃部。虽然吃了药，但胃还是时不时地隐隐作痛，早晨进到肚子里的那点儿食物，早被拉得丝毫不剩。

刚走出公司大门，一股热浪袭来，果然像被烧烤一样。可公司位于市区的西北角，平时极难打到车，只有一路公交车经过，除非极其幸运，否则总是要等个 20 分钟以上。

突然，嘉馨头一晕脚下一软。

幸好同事一起在等公交车，赶紧把嘉馨送到附近的诊所，就着急忙慌地奔向市场。

发小一边听，一边破口大骂那个"冷血魔鬼"。

输完液天都黑了，发小把嘉馨送到小区门口。嘉馨心里难过得很，实在没力气继续听她叨叨，就让发小先回去了。

上楼前，嘉馨买了一桶泡面、两根火腿肠。

看着热气腾腾的泡面、冷冷清清的房间，想着自己这么多年的努力，想着那个"冷血魔鬼"，她再也按捺不住自己愤懑的情绪。

曾经，嘉馨以为在高高的写字楼里工作，努力升职加薪，就是她唯一实现理想生活的路——就像通往月宫的天桥一样，为了那片光，她一直努力向前，也只能向前。如今，这个天桥一下子断了，莫名其妙地断了。

不知是喝得太多，还是哭了太久的缘故，她的头越来越沉。恍惚中，她看到落地窗外的一片光，离她越来越近，似乎一个什么东西缓缓靠近……

待她恢复意识时，身边竟然坐满了人，哦不，应该是动物，但又似乎是人。眼前乱飞的头发丝，让她感觉到自己并不在房间里，而且她确定自己正在移动。

"我这是在哪儿？他们……是谁？"

"难道我挂了吗？他们……是……鬼吗？"

02

初遇摆渡船：命由我作，福自己求

"你醒啦！师兄，师兄，她醒了！"嘉馨突然听到一个女生在朝谁大喊。

"你好啊，嘉馨女士，很高兴见到你。"

"嗯……我这是……S……死了吗？"

"哈哈哈，当然不是！"女生笑得前仰后合，"你还好好地活着呢，而且不出意外的话，你会活得越来越好的。提前祝贺你啦！"

"祝贺我？"

"我叫漫妮，很高兴认识你啊，嘉馨！"

嘉馨一边诧异她怎么知道自己的名字，一边机械地回应。

"你……你好，我这是，嗯，我们这是在哪里啊？"

"你转身看看……"

这一转身，嘉馨吓出一身冷汗，一屁股坐在地上——准确地说，不是地上，是船板上。

船舱里响起一片笑声，但听起来并不像嘲笑。

"我……我们在天上？这艘船……在飞？"

此刻的嘉馨，正坐在一艘古老的船舱中，身边坐着11位其他的乘客，有男有女，有老有少，有黑头发的有黄头发的，他们正被这艘神秘的船载着驰向某个地方。

"别怕，嘉馨，我第一次来的时候，直接吓得动不了。让咱们的子灏师兄给你解释一下，说不定你会兴奋地跳起来的。"漫妮一边伸手去扶嘉馨，一边狡黠地一笑，看向船头中央端坐的一位男士。话音刚落，这位身着白T恤和白衬衫的男士缓缓走到嘉馨面前，他面带微笑。

"你倒是会偷懒。"男士对漫妮说。

"嘉馨，我叫子灏，是这艘摆渡船的船长，漫妮是副船长。"

嘉馨看向漫妮，漫妮非常用力地点了点头，一脸自豪地指了指自己胸前的一个船型胸牌："是不是很好看？跟咱们这艘船是不是很像？"

嘉馨看向古铜色的船体上刻着的几个字——副船长：漫妮，又看了看男士的胸牌——船长：子灏。

"该怎么说呢？其实，这样的旅途并不常有，能有缘来到这艘船上的人都是有着特殊缘分的……"

"特殊的缘分？"

"是啊，这艘船叫'人生摆渡船'，它的存在就是为了帮助那些遇到困扰的人，或是极其渴望实现某个心愿的人。也就是说，通常能来到这里的人，大多是陷入人生的某个漩涡，或是正在经历人生重大时刻，或是迫切渴望换种活法，还有特别特别想实现某个心愿的。嘉馨，你是哪一种？"

嘉馨心想："我大概是深陷漩涡吧，或者是特别想实现升职心愿？不知道，反正目前看来是没啥希望了，而且，以后在那个'冷血魔头'手下的日子也不会好过。迫切渴望换种活法吗？好像也有点这种情况，明明那么努力，却依旧活得束手束脚、压力大得喘不过来气……"

正想得出神，船舱突然震动了一下，嘉馨抬头一看，摆渡船竟然来到了云层。

嘉馨从未见过夜里的云层，准确地说，嘉馨从未好好欣赏过夜空，她不是在水泥墙内工作，就是在水泥路上奔波。眼前这一团团的云朵在月光下，简直美得无法形容。

嘉馨想起考大学时，母亲给她做过一床棉被，床上也是这样铺着厚厚的"云朵"。嘉馨一下子就扑了上去，软乎乎的，等她爬起来时，衣服上粘得到处都是棉花丝儿。

正想着，摆渡船就来到了一个长廊。神奇的是，这是由一团团变幻莫测的云朵组成的长廊，长廊两侧正在播放着两组影像。

"这又是什么？我的天……这是……我？"

影像里出现的人，竟然真的是嘉馨！

左边的"云幕"上，播放着：她身着一身灰色西装，在公司会议室激情满满地做年终报告；和各个部门的人沟通开会；去拜访客户；

在公司年会现场指挥；在台上发言，台下掌声雷动……

右边的"云幕"上，播放着：她如愿实现了升职，正坐在自己的独立办公室，撕开人事部发来的薪资单，对着上面的数字乐呵，突然她好像意识到了什么，瞟了一眼四周，见没人注意，又抿着嘴唇笑了笑，随即将薪资单快速折叠起来塞进包里；夜晚，嘉馨在自己买的高档公寓里播放着音乐；她穿着粉色绸缎睡裙，一个人端着红酒杯手舞足蹈……

嘉馨一边难为情，一边蒙圈。

"师兄，这上面是？大家都能看到吗？"

"哈哈，放心，每个人只能看到自己的影像，也就是你自己的人生剧情。"

嘉馨松了一口气，"那这两侧的影像？"

"哦，你的两边不一样是吗？"

嘉馨不好意思地点了点头。

"一般来说，左侧的云幕播放的是你努力展示出来的人生剧情，右侧的云幕播放的是你当下渴望的剧情走向。"

"努力展示出来的？就是说现实中别人看到的吗？"

"是的。我们通常更愿意展示出来自己最想要别人看到的那一面。"

"可不可以理解为'别人眼中的自己'？"

"可以这么说。"

"那您说的'另一侧是我们当下渴望的剧情走向'，是什么意思？"

"就是你现在想要实现的画面啊,是截至目前你认为你最想实现的样子。"

"截至目前?我认为?"

"嘉馨,你真的很会抓重点啊,我有点明白为什么会选你来这里了。"

"选我?"

"嗯,那个以后再聊。"

嘉馨又环视了一眼四周,觉得这趟旅程更加不可思议了。

"好吧……所以,这一侧是还未发生的,而且它有可能会变?"

"是的,你真聪明。不过也有例外,除非你现在的心愿真的是你的心愿。"

"我的心愿不就是我的心愿吗?还能是假的心愿吗?"

"哈哈,当然。如果你认为你这个心愿真的就是你的心愿的话,这是最好不过了。但也有一种例外——有些人一直在追求的心愿,只是他以为他想要的,而未必是他真正想要的。这一点你的导师会给你详细讲的。"

"我的导师?"

"是的,所有来到摆渡船上的人都有一位专属的导师,他会陪伴你度过你的重要时刻。但是,能不能见到这位导师,还要看你自己……"

"看我自己?"

摆渡船忽然停了下来……

船舱正中央出现了两个问题:

1. 你想要实现你的心愿吗？

☐ YES　　　　　☐ NO

2. 你确定要继续向前吗（敲黑板：无论接下来会发生什么）？

☐ YES　　　　　☐ NO

嘉馨看着这个悬在空中的高科技触屏，突然想起了那种科幻电影的场景，主角都是在这样的触屏上刷刷刷地一顿操作，帅得不得了，想不到竟然自己也能当一次女主角了。

师兄问："是不是有一种电影女主角的感觉？"

嘉馨不好意思地抿了抿嘴，"师兄，这个是？"

"你记得咱们前面说过的，这艘人生摆渡船是一趟非常神秘的旅程，能遇见的都是有着特殊缘分的人，这份缘分非常珍贵。在见到导师之前，每位乘客都要清晰这两个问题的答案。"

"导师？你是说，我也会有一位导师？"

"没错。这是相当珍贵的缘分，也许你的人生会因此发生变化。"

"真的吗？他能帮我渡过眼下的困难，或是让我实现心愿吗？"嘉馨激动了起来。

"抱歉嘉馨，我没办法给你承诺，因为这取决于你。现在重要的是，你要先回答这两个问题。问题 1 是在帮你看清自己的心意，确认自己的主观能动性。只要你不想，任何人的帮助都会失效。"

"没有谁不想实现心愿吧？"嘉馨问。

"那可不一定。有些人看似表面上想要，内心很可能抗拒得很呢。所以，只要你自己不想，或者不能主动行动，哪怕是灵丹妙药也会失效。任何人都无法强迫别人改变，除非这个人本人愿意。从另一维度说，任何人也都没有权力干涉别人的生命节奏，我们每个人的生命活法都值得被尊重。所以，你的选择既是在明确你的意愿，又是在帮助你拿回'人生遥控器'，让你拥有自己做决定的力量。主观能动性越高，心愿实现的可能性就越高。

问题 2 是在帮你确认自己的坚定程度。想要改写人生，总归是要切切实实地做些什么，才能带来改变。就像你刚才问我'导师能不能帮我渡过困难，或是让我实现心愿'，要知道，渡过困难和实现心愿的主人公永远是你自己，任何身边人都只能是协助。毕竟……我们不是白娘子，不可能一施法就万事大吉。

这段路上你也许会遇到挫折、挑战、痛苦，这个时候如果退缩、逃避，那就半途而废了。只有你愿意去尝试，排除阻碍、突破卡点，愿意打开人生之灯，才能勇往直前，找到你的答案。"

"人生之灯？"

"对，人生之灯。你也可以称之为'生命之灯'。就是因为我们在黑夜中行走，才会跌跌撞撞，会害怕，会不知所措。当我们打开了生命之灯，就会有一种澄明的状态。现在不理解没关系，未来你的导师会带你体验。"

嘉馨心想："看来这趟旅程真的是藏着太多的宝藏，既然这个机会这么特殊，如果真能帮自己实现升职和加薪的心愿，那简直是求之不得。万一还有意料之外的收获呢。"

"师兄，我确定我想实现心愿，而且很想。只是括号里的这一句'无论接下来发生什么'我有点……今天的经历已经够离奇了，我甚至现在还觉得像在做梦，我不知道接下来还会发生什么……"

师兄笑了笑，那个笑容像太阳，让嘉馨觉得既平静又温暖。

"我当时也是不敢想，不过现在我非常庆幸我按下了'YES'键。因为在那个时候，我真的很想换种活法，非常茫然、非常痛苦、非常害怕，完全不知道未来会是怎样的，甚至……甚至不知道我还有没有未来。"

嘉馨完全没有想到师兄会说出这样一段话，她的大脑飞速运转，好奇他究竟发生了什么。

"直到我想明白一件事，那就是不管未来会如何，总归我不想继续现在的样子了。而要从现在这个泥潭走出来，我必须自己抬腿。于是我给自己按下了一个开关，一个能够重新打开我的生命副本的开关，就像游戏里的那样，我要重新来过。

那时候我也不知道未来会怎样，心里也很恐惧和茫然，可你知道吗？后来我反而特别庆幸未来是不确定的。你想想看，如果咱们的人生都是确定的，每天过着被既定好的人生，什么时刻发生什么事都被提前规定好了，那我们跟成为一个傀儡有什么区别？正是因为不确定，我们才有机会把它确定成我们想要的任何样子。如果幸运的话，是任何样子。"

"正是因为不确定，我们才有机会把它确定成我们想要的任何样子。"嘉馨重复着，眼神突然亮了一下。

"是的，嘉馨，我们凡人都不知道未来的人生剧情会怎么样。但我们每个重要选择的确认键，都需要我们自己来按，并且承担按下之后的结果。任何人都替代不了。"

"那如果是别人非要我们做的事呢?这确认键不就是别人给我们按了吗?"嘉馨想起那个"冷血魔鬼"。

"非要?有多非要?"

"这个嘛……就是不敢不从……"

"不敢不从?那有没有可能是自己选择的'从'?"

"可是,如果不得不听呢?就像总得听领导的吩咐,哪怕再讨厌都得听。"

"嗯……以前啊,我有一些老同事,他们老是念叨'烦死了,不想干了',可是几年过去,他们依然一边吐槽一边干得稳稳的。你知道为什么吗?"

"因为他们不是真的不想干了?"

"不,他们是真的不想干,但是这份工作中有他们继续干下去的理由。待遇不错、时间自由、离家近、新工作不好找……总之,虽然'不爽',但与'不爽'同在的,还有他们不愿舍弃的'好处'。"

"这么说来,是我自己选择了接受让我不爽的事。"

"当然你也可以选择改变。"

"如果改变不了呢?"

"你怎么知道改变不了呢?真的试过了吗?有时候啊,我们面前不止一条路。哪怕真的在事情层面我们无法选择,也至少可以从心态层面做出选择。"

"心态层面?自我攻略吗?"

"哈哈,你这用词倒是蛮新鲜。其实,既然选择了接受,为什么要那么别扭地接受呢?这件事里有没有一些有趣的地方?有没有被忽略的意义？那个让我们别扭的地方，有没有可能换个角度去看就不那么别扭了？也许尝试改变对这件事的看法，尝试去看看这件事中有趣的或者有意义的部分，心情立刻就会不一样了，而且人会活得越来越通透。"

嘉馨心想："我的升职莫名其妙地被一个'冷血魔头'截和，这里面能有什么有趣的地方？我拉肚子还没好，那个大魔头就让我顶着40℃的高温、饿着肚子去跑市场，这有什么有意义的地方？"

正在思考着，船舱内想起了倒计时的声音："您还有30秒作答时间，倒计时，30、29、28……"

嘉馨一下子慌了。

"别急，想清楚自己的答案再选。"师兄拍了拍嘉馨的肩膀。

嘉馨抬头紧盯着那两个问题，心里想："我要！我要升职！我要加薪！虽然真的不知道后面还有什么离奇的事儿等着自己，但这个机会这么难得，而且我可不想被那个'冷血魔鬼'折磨。我必须得向前，我必须实现心中的目标！"

"师兄，谢谢你，我知道该怎么选了。我自己的人生我自己来改，我的确认键我自己来按。无论未来如何，我都自己承担。"

嘉馨抬起手指按了下去。

"啊~~~~"

03

遇见摆渡人：开启奇妙之旅

"你来啦！嘉馨，真高兴你来到了这里。"

"是谁？是谁在说话？"嘉馨正紧张地环顾四周，突然，堆满书籍的书桌后面，一张粉红色椅背开始转动——一只兔子，准确地说，一只戴眼镜的兔子……兔子老头儿……正跷着二郎腿，手里捧着一个文件夹。

"嘉馨，真高兴你来到了这里。"兔子老头儿推了推眼镜，抬头朝嘉馨笑了笑。

"您……认识我？"

兔子老头儿哈哈哈地笑了起来，手里的笔向空中轻轻一点，空中立刻出现了一段文字：

嘉馨，A公司品牌部经理，最大的梦想就是成为品牌总监，升职加薪。很不幸，上周升职被顶替，新任领导得知嘉馨是老领导最看重的人，对她百般刁难，致使嘉馨晕倒在公交站台。在门诊处一边输液一边被发小唠叨，晚上到家喝得酩酊大醉，被 1 号摆渡船接来……

看到一半，嘉馨就起了一身的鸡皮疙瘩，难不成有谁在自己身上装了监控吗？嘉馨环顾四周。

"来，喝点热水，不用紧张。"

嘉馨仿佛被看穿，接过水杯时认真瞟了一眼兔子老头儿。一对儿长长的耳朵，一身洁白无瑕的毛发，眼神明亮清澈。一件粉色上衣，浅蓝色花纹背带裤。

他究竟是谁？我的导师吗？我的导师是一只兔子吗？不过看起来倒还挺像一位知识渊博的老学究，除了这身多巴胺色系的衣服和粉红色座椅。古怪，着实有些古怪。

"我有那么古怪吗？"

嘉馨愣在原地，再一次被看穿的感觉似乎并不太妙。

"是的，哦哦不是，我是说……很特别。您就是我的导师吗？这是哪里？"

"呵呵，在回答你的问题之前，我方便知道你看到的我是什么样子吗？"

"我看到的你？"

"没错。你看到的我。"

"嗯，是戴着眼镜、留着长胡子、毛发洁白的兔子老……"嘉馨赶紧改口，"兔子老师，您就是传说中的白大仙吗？"

03
遇见摆渡人：开启奇妙之旅

"哈哈哈，为什么这么问？"

"传说白大仙大概就是这样的，长着长长的耳朵，眼神明亮清澈，浑身洁白无瑕，它可以听懂人类的语言。如果有人遇到了困难或者面临危险，白大仙就会出现在他身边，帮他渡过危难。所以，白大仙被人们视作守护神，只是它太过神秘，不是人人都能遇见的。"嘉馨悄悄地望着兔子老头儿，"所以……您是吗？"

兔子老头儿转身走向粉红色座椅，没有回答。

"你希望我是吗？"

嘉馨一时不知该如何回答。她当然希望是，但又不相信自己能如此好运。

"一般在电视剧里，出现在云端或者出场方式这么特别的，也只有神仙了，总不会是……您也不像妖怪啊。"吐出最后三个字的时候，嘉馨的声音小到几乎听不见。

"哈哈哈，我当然不是妖怪。"兔子老头笑得前仰后合，"我姓白，你可以喊我白老师，或者按你的说法，白大仙？总之我都不介意，哈哈哈……"

白大仙突然跳到嘉馨面前，伸着脖子边走边打量，突然从嘉馨身后探出脑袋："你是属兔的吧？"

嘉馨身体一震："是的。"

"哇偶！"白大仙伸手摸了摸嘉馨的头。

嘉馨心里升起一股兴奋，心想，难不成她是这位白大仙的第 N 代坠落凡间的传人？这剧情可以拍科幻电影了。

"答案自会揭晓。现在你需要知道的是，在这里，每个人看到的一切只和最真实的自己有关。所以,你看到的我,也只和你有关。"

嘉馨满眼的疑惑。

"你没听错,所以刚才我才会很好奇,此刻我是什么形态呢?哈哈哈。兔子不错。"白大仙一跃坐回粉红色转椅,"别急,这一点你慢慢会体会到的。说说看,今天的经历你感觉如何?"

"今天……嗯,感觉像做梦,一开始我甚至以为我死了……嗯,我是说,特别不可思议。不过,来的时候,子灏师兄给了我很多的启发。"

白大仙点点头,示意嘉馨继续说下去。

"人生的确认键,只能自己来按;无论未来会如何,自己的人生要自己承担。而且,我们的很多选择看似是被迫的,但其实也是我们自己选择的:如果不想接受某个结果,那就去改变这件事;如果改变不了,那就试着改变看这件事的视角。"

白大仙推了推眼镜,示意嘉馨坐下。"非常好,果然是被选中的人。说说看,你为什么会来这里?"

"其实,我也不知道我是怎么来到这里的。"

"嗯,真的不知道吗?"

"哦,摆渡船,我是坐摆渡船来的,师兄说它叫'人生摆渡船',然后我按了'YES'键,就闪现到了这里。"

"你回答的是'你来的方式和过程',不是'你为什么来这里'。"

"嗯……师兄说,通常会有三类情况的人会开启这样的奇妙旅程。一是,陷入人生的某个漩涡;二是,正在经历人生的重大时刻;三是，迫切渴望换种活法，或者特别想实现某个心愿。我最近的确正陷在一个漩涡里……我知道了，是不是我喝醉的时候触发了什么隐形机关，所以来到了这里？"

"听起来像是一不小心就来到了这里……你回答的是你来这里的契机，还不是'你为什么来这里'哦。"

嘉馨更懵了，与此同时也感觉更神秘了。

"这个兔子老头儿问的问题怎么这么奇怪？我也不知道我是怎么来的这里，我明明在家里，莫名其妙就在船上了，然后就来到了这里。"嘉馨心里嘀咕着，自言自语道："我为什么来这里？"

"是啊，你为什么来这里？只有弄明白这个问题，你才有可能找到真正的答案。"

看到嘉馨满脸的疑惑，白大仙手一挥，便在空中写起来。

他先画了一个大大的问号，写上：为什么来这里？又狠狠地把"这里"两个字圈了起来。

"这里，并不仅仅是'这里'。"白大仙指了指这间工作室，"你可以理解为，你为什么乘坐摆渡船来到了我这里，你为什么会按下'YES'键。你也可以理解为，你的人生为什么走到了现在这个剧情。如果你的人生是一部电影的话，你现在正在经历怎样的剧情？你过去发生了什么带来了现在一切的发生？你希望后面的剧情是怎样的？"

白大仙边说边画。

"所以，您说的'这里'是有两个角度。一个是具体的某个物理空间，一个是时间维度中的当下？"

"总结得非常好。"

"从时间维度来说，的确发生了许多事，但我不明白为什么我那么努力，却还是活成了这个样子……从物理空间角度，我的确是因为按下了'YES'键，来到了这里。"

"这段时间过得很不容易吧？"

嘉馨点了点头，眼眶有些湿润。

"别担心，这个我们之后慢慢聊。现在，我们先来聊聊，你为什么选择按下'YES'键呢？"

"因为和子灏师兄聊过后，我决定抓住这么难得的机会，虽然看起来很不可思议，但我真的很想实现心愿。"

"你的心愿是什么？"

"我想升职，我希望我能升任品牌总监。可是……"嘉馨低下头，一股委屈涌上来。

"你确定你想实现的心愿是升任品牌总监吗？"

"嗯？"

"你确定你想实现的心愿是升任品牌总监吗？"

不知为何，原本非常坚定的答案，在这一刻，嘉馨有些迟疑了。她从来没有思考过这样的问题。但这一刻，她突然隐隐觉得这个问题似乎非比寻常。

"没错，一旦找到这个问题的答案，你的生活就会变得不一样。遗憾的是，很多人会忽视这个问题的真正答案。反而认为自己一直在追逐的目标就是答案。"

"会变得不一样？"

"是的，那些找到答案的人，更清楚自己想要的是什么、想怎么活着，甚至知道他们为什么会走上现在的路。"

"然后呢？"

"一直做着他们想做的事啊，每天和喜欢的一切在一起。"

"和喜欢的一切在一起……"嘉馨的眼神突然亮了起来，"我也可以吗？"

"当然可以！人人都可以。"

"那我需要怎么做？"

"哈哈，别着急。要实现这个有个前提，你必须先探索到你真正的心愿是什么……"

"好。"

"还有，我们要有一个约定。"

"好。"

"我都还没说是什么，你就急着答应啊？"白大仙转身跳回那把粉红色座椅上，接着说："第一，你要对这趟神秘之旅保密，当然，你在这里聊的所有内容也是保密的；第二，布置的作业，你要努力完成。"

"好！"嘉馨答应得非常爽快，她能清晰地感受到，这趟神秘之旅即将为她带来不可思议的变化，虽然她不确定具体是什么，但此时此刻在她心里，她愿意跟着面前这位有点古怪的兔子老头儿去探索一番。

"哈哈，现在不觉得我是'老古怪'啦？"白大仙推了推眼镜。

"我们什么时候开始？"嘉馨一阵脸红，赶紧岔开话题。

"现在就开始。"

04
无论开心或者糟心，都藏着答案

"今天，我们要先弄明白一个问题：我怎么了？"

"我怎么了？"

"没错，你怎么了？弄明白你怎么了，你就知道你为什么来这里、你想要什么、你真正的心愿是什么了。"

"刚才您聊到'这里'的含义时，说'要知道现在正在经历怎样的剧情？过去发生了什么带来了现在一切的发生？希望后面的剧情是怎样的？'"

"是的。"

"就是说，向过去看，究竟是发生了什么引发了当下的状况？从现在看，我正在发生什么？向未来看，我想让剧情怎么继续发展？这么来说的话，我要做的是三件事：看过去、看现在、看未来。"

"你很厉害嘛，嘉馨！几句话就抓住了重点。"白大仙眼睛瞪得大大的,竖起大拇指。"你谈到的这'三看',有一个近似模型叫'三看三问',不过这个今天咱们先放一放,之后我们再细聊。我们先想想看,通常你被问到'你怎么了',你是怎么回答的?"

"我没事儿啊,挺好的。"

"还有过别的回答吗?"

"再就是直接说'开心'或者'不开心''发生了……事'。"

"没错,通常听到这样的问题,大多就是这三种回答。一种是'没事儿,挺好的';另一种是'我太开心了''太兴奋了''太幸福了',总之就是发生了很好的事,产生了很好的感觉;还有一种就是'太烦了''太生气了''太委屈了''迷茫''焦虑''痛苦''愤怒',总之就是发生了不好的事,产生了不好的感觉。"白大仙边说边在空中画了起来,"但你刚才说的'我没事儿啊,挺好的',是真的挺好吗?"

"也不完全是,有时候就是不想说。"嘉馨若有所思。

"所以你发现了吗,有些答案看似相同,真相却千差万别。"

"嗯,即便是现在有人问我怎么样,我一定也会说'我挺好的''有体面的工作''有漂亮的大房子''有一位体贴的男朋友'……"嘉馨的目光落到了地板上,停顿了几秒,"可事实上,我感觉糟糕透了……"

白大仙静静地注视着嘉馨,不发一言——不像她那些同事总是酸溜溜地赞叹。这让嘉馨感到很安心。

"不过,也有好的地方。"嘉馨补充道。

"嗯?"

"至少在我感觉最糟心的时候,遇见了这么奇妙的事。就算是一场梦，那至少也是一场很特别的梦。"讲到"梦"字的时候，嘉馨抬眼望了望白大仙，正好与白大仙四目相对。

"哈哈，别急，我会告诉你这是怎么回事的，但不是现在。至少我能向你保证，这绝对不是一场梦。现在，我们回归正题。"

"好。"

"你看看这张图，我们到底怎么了？一种状态是我们很好，一种状态是我们感觉很不好。但其实，无论开心或者糟心，都藏着答案。感觉开心的时候，是因为你获得了你想要的；感觉糟心的时候，是因为你没有获得想要的，或是你摊上了你不想要的。这是不是听起来很像废话？"

嘉馨没有回答，一门心思在琢磨第一句："'无论开心或者糟心，都藏着答案'，是什么答案？"

"你想要什么、在意什么的答案，"白大仙在"苦恼痛苦"后面画了一个大括号，继续说道，"举个例子吧，人们感觉糟心的时候，大多会出现这样三种情形。"他一边说，一边在上面写写画画。

"第一种，不知道自己在苦恼什么，只知道自己就是不开心，什么也不想做，很烦恼。第二种，知道自己因为什么事烦恼，这又会分为两种情况：能力比烦恼大，烦恼就不再是烦恼；烦恼比能力大，那这件事就真的是烦恼咯。第三种，你以为的烦恼可能并不是真的烦恼，真正让自己烦恼的是幕后 BOSS。"

嘉馨边听边点头："幕后 BOSS？"

"对，幕后 BOSS，这就是你今天的第一课——找到你情绪的幕后 BOSS！"

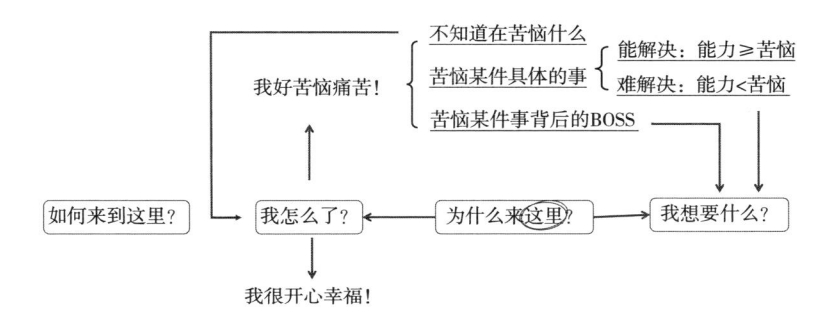

```
                                    ┌─ 不知道在苦恼什么
                          ┌─ 我好苦恼痛苦！─┼─ 苦恼某件具体的事  { 能解决：能力≥苦恼
                          │                │                    难解决：能力<苦恼
                          │                └─ 苦恼某件事背后的BOSS
                          │                                              │  │
                          ↕                                              ↓  ↓
  如何来到这里？ ── 我怎么了？ ←── 为什么来这里？ ──→ 我想要什么？
                          │
                          ↓
                      我很开心幸福！
```

"然后呢？"

"然后你就知道你为什么来这里，你真正想要的是什么了。"

"然后我就也可以做喜欢的事儿，和喜欢的一切在一起了？"

"按理说是这样。"

"那怎么找到这个幕后 BOSS？"

"幕后 BOSS 有可能是你的某个思维公式，也有可能是你潜意识里的某个声音。"

"思维公式？潜意识的声音？"

白大仙看到嘉馨满眼的疑惑，继续说："你在台上演讲的时候，会紧张吗？"

"会。有时候腿都是抖的，如果是在地毯上穿高跟鞋，我更能明显感觉到鞋跟都站不稳。"

"你想过为什么会那么紧张吗？"

"可能是内向或者不擅长演讲吧，看到那么多人都在盯着自己，就特别紧张。"

"内向的人，都不擅长演讲吗？"

"嗯……好像也不一定。"

"想想看，你是如何看待演讲的？演讲得好会怎样？演讲得不好又会怎样呢？也就是在你的心里，那个思维公式是什么？"

"演讲得好，说明我很好啊、我很优秀，如果大家再掌声雷动，我就感觉我是受欢迎的；如果演讲得不好，多丢人啊，而且这说明我不够好、很差劲诶……"

"发现你在这个场景中的思维公式了吗？"

"是的是的。这么说，好像很多场景都有思维公式诶。那这样算下来，岂不是我的心情处处在受思维公式的影响？这太惨了吧！我怎么发现我的公式？我能改变它吗？我该怎么做？"

"哈哈哈，你提了一连串的好问题。其实发现公式不难，而且，发现公式之后是否要改变它，以及怎么去对待你的这个发现，取决于你自己。这并没有一个标准答案，你可以做出任何决定和选择。"

"那发现它的意义是……如果发现了自己的思维公式，也许我们就不容易在不知不觉中被牵着走。而且，很有可能我们会因为这个发现……我不知道该怎么说，我突然有了一种感觉，好像有了这个发现，我们就可能会开始发生些什么变化。"

"是的。你的觉察很敏锐。"白大仙夸赞道。

"那这个公式怎么发现？有什么方法吗？"嘉馨有些迫不及待。

"其实很简单，只要你会对话就可以。"

"和谁对话？"

"和你自己，当然也可以和你信任的人。如果你把这个方法掌握后，你可以在任何时间、任何地点和自己对话。这样一来，你就能找到更多的答案。"白大仙再次用手指一点，空中又出现一块电子屏，

"这个方法就叫情绪解读法。"

嘉馨紧紧地盯着那块屏幕。白大仙边说边画。

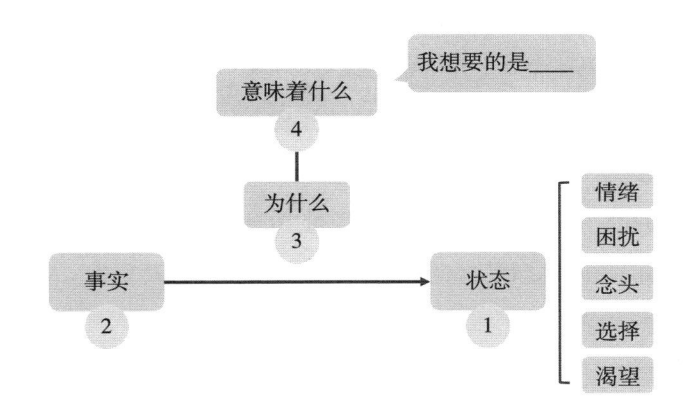

```
                    我想要的是____
        意味着什么
           4
         为什么                      情绪
           3                        困扰
   事实 ————————————→ 状态           念头
    2                   1           选择
                                    渴望
```

"情绪解读法一共有四个核心关键。

"第一个核心关键就是看见自己的状态。你的状态涉及你的情绪、你的困扰、你的某个突然的念头、你做的某个选择以及你特别渴望实现的一件事情。总之，看清楚你现在的状态、想法、感受。

"然后是去看看发生了什么，从而导致你产生了这样的状态、想法、感受？

"接下来，第三个核心关键非常重要，为什么发生了这件事会让你产生这样的状态、想法、感受？你是怎么想的？中间的通路到底是怎么回事？

"最后，第四个核心关键，从'为什么'中看到'这意味着什么'，即'你想要的是什么''你在意的是什么'。"

嘉馨的大脑随着白大仙的讲解飞速地转动着。

"我们来举个例子吧。你们公司工龄比较长的同事来公司多少年了？"

"有好几个人都是十几年。"

"那他们现在面对工作的状态你觉得一样吗？"

嘉馨想了一会儿："这么一说，好像还真不一样。"

"怎么说？"

"我们部门有一个同事，她来公司 10 年了，每天都乐乐呵呵的，跟每个部门的同事都很熟，人缘也很好，大家也很尊重她。对了，听说有猎头想挖她，她一口就给拒绝了。"

"哦？这是为什么？"

"她说她不想再重新去适应一个新的环境，在这里一切都很熟悉，工作也游刃有余，每天上班都很舒服自在，跟在自己家似的。"

白大仙边听边画："还想到别的同事吗？"

"我们设计部之前有一个同事，不过后来离职了。我们后来吃过一次饭，我问了他离开的原因。他说他不想一直这么乏味地重复工作，每天都面对同样的同事、做类似的设计，想有点新意又总是被否决，没有任何挑战，就像工具人似的，他觉得快崩溃了。他说'不能让自己的人生就这么无趣下去了'，就离开了。"

"这么一来，你觉得他们分别想要的是什么？更在意的是什么？"

"我们部门那个同事很享受现在的这种稳定的工作和同事关系，她不太追求变化；相反，设计部那个同事比较讨厌一成不变，想要追求新鲜和创意。对了，他还更希望结交不同的人。"

	现在的情绪	发生了什么	为什么	意味着什么 我想要/在乎
同事1	舒服 自在	在公司10年	工作游刃有余 同事关系很好 资深有威望	安全稳定？ 人际关系？
同事2	苦恼 烦躁 乏味	每天面对同一帮人，做类似设计	没有新意 没有挑战 没有刺激	追求新意？ 成就感？ 智力刺激？ 社会交往？

"所以，同样是工作了很久，但他们做出了不同的选择。这是为什么呢？"

"因为他们想要的东西不一样。"

"是的。这就是他们的幕后BOSS。"

"所以，我们的幕后BOSS会促使我们做出不同的选择，而且……而且我们自己很有可能并不知道为什么会做出这样的选择！"

嘉馨突然张大了嘴巴："天啊，这真是太吓人了！我一直以为我们做决定就是因为什么事，没想到，真正促使这个决定的是更深层的原因。"

"没错，而且很有可能，我们自己都不知道。"

05
很脏,但很现实

这一周,嘉馨一心都在思考白大仙布置给她的作业:想想你的心愿是什么?真正想要的是什么?

直到有一天,嘉馨听到两位同事在洗手间的对话:"哎,黎想都走了,你知道吗?"

"黎想走了?我还以为她终于肯休假了呢。"

"黎想是谁啊!那是咱们公司的女战士啊,你见她什么时候休过假?"这个声音突然压低说,"之前就听说公司要裁员,看来这传言不虚啊,连黎想这样的人物都走了,我这不是更悬了吗?"

嘉馨脑海里浮现出黎想风风火火跑客户的样子,她总是独来独往,但每次开会她的数据总是最好的。她从不偷懒,也从不参与办公室八卦。

等两位同事离开,嘉馨才从洗手间出来,看着洗手池前镜子里的自己，想起被总部同事退回的方案和遭受的奚落。

"她们说的是真的吗？"嘉馨边走边想，一抬头看见市场部经理谢聪慧正巧开门从一间办公室出来，慌乱地整理着衣角。

听着高跟鞋的声音越来越远，嘉馨才忽然醒过神，抬头看了一眼办公室门牌。这一眼，她差点惊掉下巴！赶紧快步回到座位，打开本子假装什么都没看到，心里却怦怦直跳。

终于熬到了下班时间，嘉馨逃命一样逃回了家。她真是生怕再听到或者看到什么，这一天已经够让她心慌意乱了。

嘉馨心不在焉地挑起两根楼下随便买的鸡蛋炒面，白大仙的声音再次响起："想想看，你的心愿究竟是什么？你真正想要的是什么？"

嘉馨想，原本一开始的心愿就只是升职加薪而已，可现在连张头儿都莫名其妙地消失了。而且，如果裁员的消息是真的，先保住不被裁掉就好了——毕竟还有这间房子要养。

嘉馨看着自己这么漂亮的房子和被挑得七零八乱的炒面，脑海里突然想到"金玉其外，败絮其中"这个成语。一阵委屈翻涌上来："我果真……不行吗？"

"母亲大人来电了！母亲大人来电了！"包里传来手机的铃声。

嘉馨快速咽下口中的炒面，翻出手机，擦了擦眼泪。

"喂，妈。"

"嘉馨啊，你吃晚饭了没有？"

"正在吃呢，妈，你和俺爸吃了没？"

"吃了，我们都吃了。你……最近工作可忙吧？"

"嗯。"

"你照顾好自己啊，本来我和你爸想这几天去看看你的，不过现在……也不知道啥时候能去，也怕打扰你工作。"

"没事，妈，什么时候想来都行，你们的房间和床都是现成的。你俩来了我带你俩吃好吃的去！"

"嗯，还是俺闺女孝顺。那你忙吧，照顾好自己啊。"

"我这会儿不忙。妈，你打电话是不是有啥事啊？"

"没有，没啥事。"

"嗯，我下周就发工资了，到时候还给你俩转点儿过去。您跟俺爸都好好的啊，别舍不得吃，想吃啥吃啥，我给您银行卡存的钱，您随便花。"

"嗯，中中。你听到了没，闺女让你多吃好吃的呢。"

嘉馨听到电话那头父亲略显虚弱的笑声。

"俺爸生病了吗？声音咋听着那么弱啊？"

"没事，小毛病。你先忙吧，不打扰你了啊。"母亲匆匆挂了电话。

嘉馨有些疑惑，但此刻她满脑子都是工作的事，丝毫顾不得多想。

饭后，嘉馨在本子上写下：

我的心愿：

1. 我想要升职加薪！

2. 我想被公平地对待，用实力说话！

3. 父母快乐健康！

06

那些拼了命的奋斗，不过是场迷局

"嗨，嘉馨，又见面了啊！"

"白大仙好！"这一次，嘉馨没有第一次那么拘谨了。

"这一周过得怎么样？"

"嗯，挺好的。"

"那恭喜你啊！"刚说完，白大仙突然凑过来问，"真的挺好吗？"

嘉馨一愣，随后缓缓地说："其实不是……公司到处传言要大裁员，而且已经有同事离开了。我还是有些慌的。"

"那刚才怎么说挺好的？"

"习惯吧。"

"语言可以骗人，感受是骗不了人的。你的作业做了吗？"

嘉馨递上一个本子，兴奋地问白大仙："我能问个问题吗？我来的时候听到摆渡船上的一些人在聊天。"

"怎么？才第二次来，就开始八卦了？"

"哎呀，不是！有一个人讲到他现在的年收入是之前的三倍，我请教了他方法。然后我就在想，如果我照做是不是也能收入翻倍啊？"

白大仙猛地从粉红转椅上跳下，看着嘉馨一言不发，只有右边嘴角微微上扬了一下。

"你的洞察力和学习力非常好。只是，你忽略了一个关键问题。你想听吗？"

嘉馨点点头，支起耳朵。

"别人的答案，未必是你的答案。这就是'同样的方法，有人拿到了成果，有人却变得更糟'的原因。每个人的资源、原始积累、条件、优势、天赋、能力、爱好都是不同的，财富增长地图也是不同的，更何况你有你的特质和你想要的人生。难不成，你希望活成别人的人生版本吗？"

"不不，我还是希望走自己的路，只是……我太想要多赚些钱了……"

"好的，多赚钱。"

白大仙手一挥，在空中屏幕上写了起来："那你目前为了赚钱，都尝试过哪些努力和行动？"

"努力工作、尽量多完成KPI，如果能在年终得到上级的更高评分，也能多拿奖金。"

"还有吗？"

"对了！我报了很多课，看过很多书！但是好像……也没有发生什么变化。"

"都上了什么课，看了哪些方面的书？"

"情绪梳理类的、心理成长类的，还有演讲、写作、沟通……挺多的。"

"是挺多的，所以你学这些是为了'多赚钱'的目标？"

"好像……当时也没想这么多，就是觉得挺心动的。"

"你现在发现什么了吗？"

"你是说，我学得太多，有点张牙舞爪吗？"

"'张牙舞爪'这个词很特别，很有力量。如果目标和行动并不一致，这里说不定就藏着什么秘密。"

"什么秘密？"

"对，什么秘密。"

白大仙静静地看着嘉馨，"你真正想要的是什么？如果你的目标真的是这个，又为何没有打直球？"

嘉馨不知该如何回答。

"我们先来探索一个关键问题。"白大仙手一挥，屏幕上便立刻出现了"我真正的心愿是什么？"几个字。

"我真正的心愿是什么？"嘉馨小声嘀咕着。

"是的，你真正的心愿是什么？是多赚钱吗？来，让我看看你上次的作业写的是什么。"白大仙拿起嘉馨刚递给他的本子，"《人生之书》，嗯，这个名字好。"不等嘉馨回答，就继续读了起来。

我的心愿：

1. 我想要升职加薪！

2. 我想被公平地对待，用实力说话！

3. 父母快乐健康！

白大仙说："看起来你找到了一些答案。说说看，是怎么找到的？"

嘉馨一股脑地向白大仙诉说她在洗手间听到的两位同事的对话、那位整理衣角的女同事，还有自己的方案被总部同事否定的事。

"白大仙，虽然我们品牌的整体市场占有率依然排在第一，但你看，很明显对不对？"嘉馨在空中画出两条上升的线，"第二名和我们之间的差距越来越小。而且你知道吗，在有些城市……"嘉馨迅速画了一条线，和第一条线交叉，"我们早已经被反超。"

"这些信息是怎么来的？"白大仙好奇地问。

"我们几个地区的市场人员说工作推不动，就连广告合作都被竞品抢先。我查了市场数据，做了数据分析后发现的。"嘉馨突然叹了口气，"可有什么用呢？我写的方案被总部的品牌主管驳回来了，还被奚落了一番，说'现在不还是第一吗？你做好你的本职工作就好，操这么多心干吗'。"

嘉馨看着白大仙，似乎在求肯定。

"是我多事了吗？难不成，我们就只能做 KPI 要求的？不要求的就不做？每天就通知作业、收作业、做表、交表？如果公司发展不好，我们员工能好吗？难不成想干事儿就得溜须拍马、当一天和尚撞一天钟？想踏踏实实干事儿为什么反而不被接受？"嘉馨的发泄突然夹杂着哽咽。"业绩那么好的同事黎想都离开了……下一个，也许就是我了……"

"你……看起来有点激动，你是担心自己，还是为同事打抱不平？"

"我觉得不公平……努力的人不被重视，走捷径的反倒……有人在其位不谋其政，我想有其位却……这个世界怎么了？"

"哪个世界？"

"就是这个世界啊，我所在的世界。"

"严格地说，是你以为的世界。"

嘉馨不解，白大仙语气恳切地说："你刚才所说的这些事，是你看到的事，可你能确定你所看到的事就是事情本来的样子吗？你在洗手间听到的事是真的吗？那位整理衣角的女同事在门后究竟经历了什么？公司真的不关心数据吗？还是只是那个同事不关心数据？这些你确定吗？"

被这么一问，嘉馨自己也不确定了。

"不是这个世界怎么了，是你以为的世界怎么了。你看到了什么、你感知到了什么，就会让你误以为这就是世界的样子。事实上，你所看到的不过是事实透过你的思想魔镜被呈现出来而已。"

"思想魔镜？"

"是的，思想的魔镜。"

"这个魔镜是被幕后 BOSS 操控吗？"

"在心理学中有一个 ABC 理论，B 就是那面魔镜。现在咱们回到刚才的话题，你真正想要的是什么？"

"我想被公平对待，想升职加薪，想多赚钱。可是……刚才您问我为了赚钱尝试了怎样的努力的时候，我隐隐觉得好像哪里不对，我自己也说不上来，但就是觉得好像哪里不对……"嘉馨皱着眉头拼命地想着，突然眼神一亮，"我记得上次您说，有些事情背后藏着幕后BOSS，我这里会不会也藏着什么？"

白大仙笑了，终于等到嘉馨问出这个问题："那我再教你两招，让你的幕后 BOSS 现出原形，好不？"

嘉馨眼睛瞪得老大，迅速拿回本子开始记笔记。

"让幕后 BOSS 现出原型有两个方法。第一个方法叫'夺命连环追'。怎么样，这名字震撼不？像这样，'妖怪，哪里跑'！"白大仙做出孙悟空的动作。

嘉馨突然定住，想起三打白骨精。

"好吧，我严肃点！其实就是不断地追问，是一种连环追问法。你以为你是在拼命地打妖怪，实际上，打妖怪只是你在取经路上的一个动作而已，而不是你要取的经。"

"所以，我的幕后 BOSS，也就是我要取的经，就是我要找的答案，是我内心真正想要的。"嘉馨说。

白大仙点了点头："夺命连环追问法，对困扰显化特别有帮助。你可以开门见山地问自己怎么了，然后借助 5W1H（为什么呢？发生什么了呢？在哪？什么时候？是谁呢？你怎么想？）不断追问更具体的细节（是什么？然后呢？怎么了？这是真的吗？），以及更深层的原因。"

白大仙手一挥，空中出现了嘉馨喝醉那晚的场景，嘉馨顿时脸红起来。

"我……我平常不那样的。"

白大仙并没有接嘉馨的话，直截了当地问："你砸碎的是什么照片？"

"那个是我们团队一起奋战两周后的庆功宴。"

"你为什么要砸碎它？"

"我一直把工作当成我最重要的事，我付出了那么多。张头儿一直培养的接班人是我，可我的升职泡汤了，张头儿也突然消失，也不知道他发生了什么。还有那个新来的'魔头'真的很讨厌，很不尊重人。"

"听起来感觉不是很好。"

"对，我觉得不公平、不甘心、不服气，难不成部门领导一定是男性吗？而且新来的领导明显不懂得尊重人，就连同事怀着孕他都……"

"什么？"白大仙瞪大眼睛，表情定格。

"哎呀，不是你想的那样。是我们部门一个同事怀孕了，开完会就见红了，同事赶紧代她向领导请假去医院。结果那个领导说'这什么身体素质？娇气'，我们听后都震惊了！"

"原来如此……"

"在他眼里，女人弱爆了，只有男人才能带兵打仗。我就不明白，他凭什么看不起女人？"

"那你呢？你为什么那么想升职？"

"因为我的梦想就是做一个职场女强人，我只有升职才能实现这个愿望。"

"为什么要做女强人呢？"

"因为，"嘉馨顿了顿，"因为只有我足够强大，我才能被人高看，才能保护我的家人，让他们不再被人指指点点。"此时，屏幕中闪现出一段段的影像。

"他们是谁？"

"我父母。"

"被谁指指点点？"白大仙问。

"家里的亲戚。他们总说我妈生了我这么一个丫头片子，是个……是个赔钱货，不如他们家生的儿子将来有指望、有出息。从我记事儿起，一到过年那些人就来我家炫耀他家儿子长多高，以后要享儿子清福。还总说，'等你嫁了人，你就是别人家的人了，到时候可得给你妈找个好点儿的养老院……'要不是我爸拦着，我差点跟他们打起来。"

嘉馨的声音有点哽咽："生女儿怎么了？女儿就是赔钱货，儿子就金贵、有出息吗？我为什么要把我爸妈送养老院？"白大仙静静地听着，正要去拿纸巾的手下一秒就停住了。

"不就是比女人多个把儿吗？一个性别的皮囊而已。生男生女是女人决定的吗？凭什么都怪到我妈头上，还总指使我妈给他们干这干那，明明占尽便宜还说三道四！我太替我妈委屈了……"嘉馨越说越激动。

"所以，你想变强，保护你的家人。"白大仙递上纸巾。

"对！我想让他们挺起腰杆。我要把爸妈接到城里来，在最好的地段住上最好的房子，给那些人看看，生女儿有多好，女儿也金贵、有出息！我要赚很多的钱，我要让他们看到他们自己多么愚昧可笑！以后他们要是再敢来挤对我家人，我就让他们滚！"

"滚"字几乎是喊出来的，嘉馨自己也愣住了。

"你觉得把父母接到城市住好房子，就是对他们好。"

"嗯。"

"你想保护家人。"

"对！"

"你想证明自己。"

"对！"

"你想帮家人出口气。"

"对！"

"你希望女性被尊重。"

"对！"

"所以你想成为女强人。"

"是！"

"所以你一直很努力工作，希望升职加薪，出人头地！"

"是！"

"所以，你设计了这样的人生剧情……"白大仙手指在空中轻轻一点，嘉馨面前出现了一段影像，"希望之后是这样的人生剧情……"空中又出现了一幕影像。这两幕正是摆渡船的云幕中播放过的那两段，有雷厉风行，也有升职喜悦。

突然，右边的影像"刺啦"一下，画面随即变成了：

嘉馨大冬天一个人在站牌下冷飕飕地等车；一个人深夜在家挑灯写方案；嘉馨一个人躲在洗手间里盯着银行账单叹气；还有她一趟趟地跑厕所跑到虚脱；做胃镜时，探测管插入嘴巴时干呕痛苦，双手紧紧抓住床边却不能说话；诊断单上写着"重度胃下垂、肠易激综合征、肠炎"；嘉馨一个人窝在沙发上吃泡面，看着响了半天的手机却不敢接听，手机屏幕上显示"母亲大人"……

嘉馨静静地看着，眼眶红了起来。

白大仙把一整盒纸巾都递给了嘉馨。

嘉馨安静了许久，说道："原来这才是我真实的样子，丢人。"

"我们的人生剧情有三种：我们希望别人看到的；我们渴望的；我们真实感受到的。"

"也就是说，我之前在摆渡船上看到的只是我努力展示出来和最渴望的，刚看到的这个才是我真实的感受？"

"你自己觉得呢？"

"我的确压力特别大，我想变强，我不想被看不起，我觉得女人也是有价值的、也是值得被尊重的。我想让父母挺起腰杆，我一直在努力。后来我贷款200万元买了这套房子，可现在每个月的薪水大部分用来还房贷了。当时买这个房子的时候，我男朋友不支持，我们还闹了矛盾。"

"为了实现你的变强计划，你贷款200万元买了一套房？"

"对！"

"所以你觉得现在经济压力很大，更加迫切希望升职加薪。"

"是……"

白大仙快速画出一张图:"好,是这样吗?"

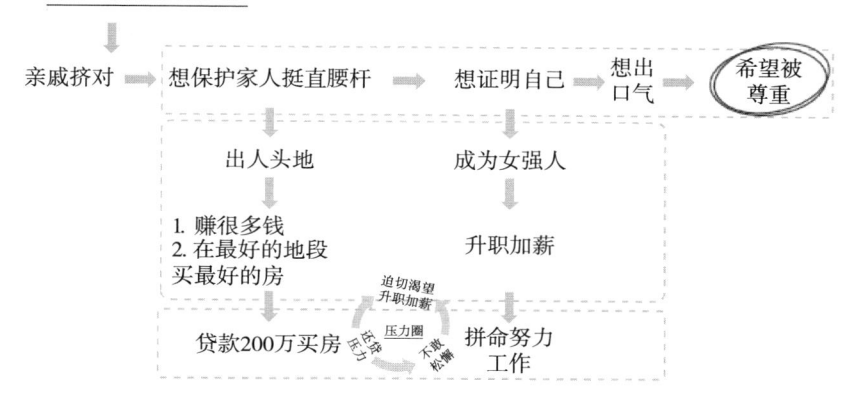

<u>为什么想做女强人?</u>
↓
亲戚挤对 → 想保护家人挺直腰杆 → 想证明自己 → 想出口气 → 希望被尊重

出人头地　　成为女强人

1. 赚很多钱
2. 在最好的地段买最好的房

升职加薪

贷款200万买房　拼命努力工作

压力圈：迫切渴望升职加薪 / 旺盛压力 / 不敢松懈

嘉馨静静地盯着这幅图,点了点头。

"嘉馨,你看到了什么?"

"我好像跌进了一个循环。我想证明自己、想保护家人,所以我一直想成为女强人,想出人头地。然后,我就一直在追求升职加薪,还超出自己承受能力买了房子。为了减轻经济压力,我就得更加拼命地工作,努力实现升职加薪。"

"你有看到最上面一行吗?"白大仙指着最上面一行,画了两个圈。

"嗯。"

"你觉得这是你的幕后 BOSS 吗?"

嘉馨再次哽咽:"是。"

为什么想做女强人?

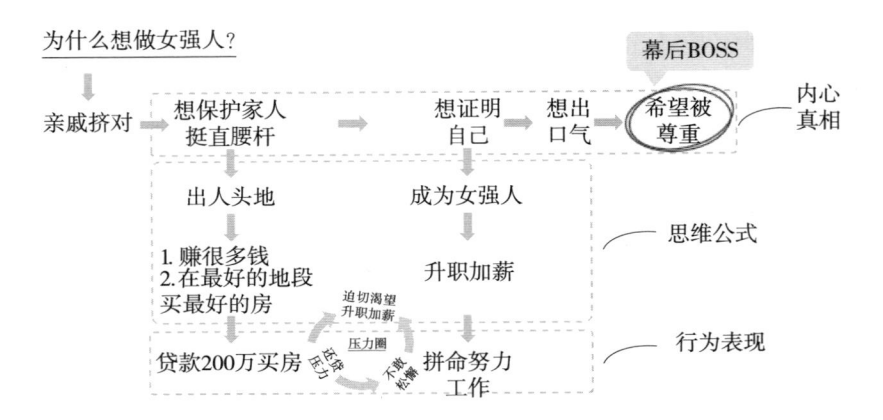

```
                                              幕后BOSS
                                              ┌──────┐
亲戚挤对 → 想保护家人 → 想证明 → 想出 → │希望被│  ── 内心
         挺直腰杆     自己     口气    │尊重  │     真相
                ↓              ↓      └──────┘
              出人头地       成为女强人
              1.赚很多钱        ↓                ── 思维公式
              2.在最好的地段   升职加薪
                买最好的房   迫切渴望
                            升职加薪
                      压力圈
              贷款200万买房  拼命努力           ── 行为表现
                 不敢松懈    工作
```

等嘉馨重新抬起头,白大仙接着说:"第一行是内心的想法,中间那一些只是我们的思维公式,我们以为我们想要的是这些,我们以为我们的目标是这些。于是,我们采取了一些行动,就是最下面这一行。"

白大仙看了看嘉馨,接着说:"其实,很多人习惯了把行为当作目标,还贷和努力工作就是你一直在拼命的事情,不是吗?"

嘉馨陷入思考。

"嘉馨,还记得你说的'三打白骨精吗'?一定要记住,打妖怪不是你要取的经,妖怪只是你取经路上的磨砺。"

"'打妖怪'不是我要取的经,只是磨砺。"嘉馨重复道,"这么看来,升职加薪并不是我的终极目的。我真正想要的是拥有自己的价值、被尊重,还有带着家人过好生活。是这样吗?"

"这个答案只有你自己最清楚。"

嘉馨没有得到期待的答案,她现在就希望有人能告诉她一个答案,一个她可以照做就行的答案。可在白大仙这里,这个愿望并没实现。

看着嘉馨略显失落的眼神,白大仙补充道:"我可以引导你、陪着你去探索你的答案,但你的答案终究只能你自己找到,我无法替你做任何决定。"

嘉馨点点头:"我明白,因为这是我的人生。"

"是的。"

"刚才您说有两个方法,那第二个是?"

"第二个方法,我管它叫'没心没肺'。"

嘉馨突然停下正准备奋笔疾书的笔,盯着白大仙,心想这又是个什么奇葩名字。

"哈哈哈,这个名字是不是也很有趣?这也是一种追问法。"

"一个夺命连环追问法,一个没心没肺追问法。是都挺特别的,而且像两个极端。"

"哦?你还别说,还真是两个方向。咱们先说没心没肺追问法。其实啊,就是一直追问你自己'怎么了'。然后,就开始探索'然后呢''所以呢''这会怎样呢''那又怎样呢''又会怎样呢'。"

"听起来是有点没心没肺的。"

"是吧,我起的名字形象吧?"嘻嘻哈哈笑完,白大仙立刻恢复严肃,双手背在身后,边踱步边说,"这个世界上太多人深受焦虑、担忧的苦恼,承受着非常大的压力。可事实上,很多人并不知道'现在究竟发生了什么''为什么要有这么大的压力''一定要做某件事吗''做不到又怎样''做到又会怎样''你究竟想要什么''想去哪里''现在的路是朝着自己真正的心愿去的吗''有没有本末倒置'……"

嘉馨边听边点头,深有同感。

白大仙停下脚步,"其实很多人只是在无意识地随波逐流,这些追问就是把我们从迷局中拉出来，然后一层层探索，最终看见真相。有时候啊，那些被我们忽视的或者被我们潜意识隐藏起来的真相，才是导致我们担忧的黑洞。"

"嗯，我知道了！这两种追问法就是帮我们看清真相的。"嘉馨一边在本子上画些什么，一边念叨着：

"没心没肺追问，是针对尚未发生的事情的担忧、焦虑、压力。找到真正的担忧和困扰，就可以有针对性地解决这个问题，或者也有可能发现这个担忧并没有自己想的那么恐怖……反之，夺命连环追问是针对过去和当下的发生和想法，追溯深层的原因和真相。这样就可以洞悉真正想要的、在意的是什么，也有可能会发现一直拼命努力在打的'妖怪'，并不是我们要取的经。"

"嘉馨，你吸收得很快。"白大仙满眼欣赏地看着嘉馨，"那今天回去，就用这个方法试试看。也许通过这两个方法，你会发现你的金钱源动力。"

"好，可是我还没聊够呢。"

"哈哈，那额外给你加个料如何？等你找到真正的心愿后，在你的《人生之书》上增加三个动作。具体的方法都在这个锦囊里。"白大仙抛给嘉馨一个五彩斑斓的锦囊。

嘉馨瞄了一眼里面："里面是空的，什么也没有啊？"

"回去再看看？"

"好咧！"嘉馨又兴奋又好奇，"是能帮我把心愿实现的秘籍吗？是心想事成的秘籍吗？"

"回去你就知道了。你会心想事成的，每个人都会。"

第二部

你想怎么活着

看清源动力，明确存在意义

- 你最近好吗 ——找到你的两只大象
- 你想怎么活——寻找 PFE 的三个方法
- 你害怕面对"死亡"吗 ——生命的触动
- 你的梦里藏着什么信息——梦的潜意识
- 如何看待生命——人生活法、人生折返点、人生列车、人生织锦

07

"你以为你想要的"未必是"你真正想要的"

嘉馨迫不及待地打开锦囊。真奇怪,在白大仙那里打开的时候明明里面什么都没有,这次打开,却有一张纸条,上面写着:

- 决定好三个愿望,每个写三遍;
- 记录今日的欣喜时刻;
- 最后,写上"谢谢"。

嘉馨正准备合上纸条时,瞥见纸条右下角的一行小字:背面请使用放大镜。

嘉馨翻转纸条,果然看到了一个个比蚂蚁还小的字。嘉馨拿出手机,打开放大镜程序,终于看清了密密麻麻的使用规则[1]:

---

[1] 来自《写下来,奇迹就会发生》一书。

- 尽可能使用正向词语，不要使用否定和负面词语；
- 以完成式或进行时书写；
- 每条心愿的字数控制在 8~15 字；
- 心中想着要让自己以外的某人幸福；
- 每天睡前执行，坚持 100 天，在每页写上日期和天数；
- 写下愿望时不要看前一天的愿望（愿望内容每天不同也没关系）；
- 用心写下愿望（一鼓作气）；
- 若有任何觉察，就记录在空白处；
- 每天执行不间断，忘记时请从头开始（若晚上真的忘记，在隔天起床后一小时内执行是可以的，但仅限三次）。

嘉馨坐在办公桌前一条一条地认真看完，然后又重新回看了一遍。随即从抽屉里拿出一个漂亮的本子，在封面上写上"心想事成"四个大字。

刚写完，就隐约听到有人悄悄喊自己的名字："嘉馨，嘉馨，快看邮件。"

嘉馨好奇地扭头，看到同事正神神秘秘地朝自己使眼色，嘉馨突然浑身紧张起来，预感又有什么大事发生了。

果然！

又有人离职了！

嘉馨快速滑动着鼠标滚轮，略过邮件前半部分的大段文字，突然，她的手停了下来——嘉馨盯着眼前这张照片：黄昏时分、海边、

"你以为你想要的"未必是"你真正想要的"

长发飘飘的背影,还有背影旁的一行字:"世界这么大,我们江湖再会!"

张黎走了,那个天天笑嘻嘻、可爱、单纯的女孩子走了。每每看到她,嘉馨都仿佛看到一颗蹦蹦跳跳的小太阳,那么有活力、有生命力。想到前不久她们还一起吃午餐,可在今日之后,她的名字再也不会出现在发件人列表中,她这个人以后再也不会出现在公司,嘉馨心里突然有一种说不出的感觉。

也许无论曾经的我们如何努力、如何绚烂,在离开后,有关这个人的一切都将烟消云散。讽刺的是,除此以外的所有一切都会照常运转。

也是,世界怎么可能因为一个人就停止运转了呢?我们只是个再普通不过的凡人而已。

只是……如此一来,努力的意义到底是什么?

"叮咚!"

嘉馨的意识被手机信息的铃声拉了回来,屏幕上显示着熟悉的几个大字:"本期账单……"

只是这一次,嘉馨开始紧张起来。

公司的裁员传言一波又一波,已经有两位同事相继离开了公司,按最坏的打算来看,万一轮到了自己,就凭卡里那点儿存款还能支撑多久?

嘉馨快速在脑中估算着——半年!只有半年!

"不行,我不能坐以待毙!就算不升职,起码工作不能没了。"嘉馨关闭邮件,起身朝洗手间走去。

洗手间果然是公司小道消息的传播基地，刚到门口，嘉馨就听到两个人的声音："你不知道吧？那谁走是因为怀孕了。"

"什么？因为怀孕被开了吗？这不允许的吧？"

"具体不知道呢，只能说怀的不是时候呗。"

再次回到座位，嘉馨盯着那个"心想事成"的本子，无法下笔。难不成心愿真要变成不被裁掉？升职加薪真的毫无希望了吗？若总有一天会离开，这里的一切终将成为记忆，我的努力是否还有意义？这是我真正想要的吗？可如果不这么做，还有怎样的方式能够支付200万元的房贷？该如何让家人过得更好？难道自己真的错了？如果买房时听了男朋友的劝告，是不是压力就不会这么大了？

今天的信息量太大了，嘉馨下班后在中途就下了车，一个人去了市中心的商场溜达。

突然一股香气袭来，那是嘉馨喜欢的面包店。小的时候，嘉馨最喜欢闻面包店的味道，香香的、甜甜的，她总是幻想着橱窗里的各式小蛋糕该有多美味。

"嘉馨？真的是你啊？我还怕我认错人了呢？"竟然是前段时间离开公司的女战士黎想，"你怎么会在这里？"

"我没事溜达溜达。"脑中正在混乱的嘉馨，随口应道。

"一会儿有事儿吗？"黎想热情地看着嘉馨。

"嗯？"

"一起坐坐呗，走，咱们一块吃点东西去。一会儿张黎也来呢。"

还没等嘉馨反应过来，她就这么稀里糊涂地被黎想带到了旁边一

07
"你以为你想要的"未必是"你真正想要的"

家咖啡馆。

黎想点了一杯拿铁，嘉馨点了一杯热牛奶。

"最近在公司还好吗？"不愧是销冠，黎想已经看出嘉馨心事重重。

"还好，还好。你呢？"

"正在准备自由职业的事情呢。"

"自由职业？"

"是啊，离开之前就有猎头挖我，可我在想一件事。"

"抱歉打扰一下，这是您二位的咖啡和热牛奶。"服务员将两杯饮品轻轻地放在她们面前。

"好的，谢谢。"嘉馨好奇地盯着黎想，等她继续说下去。

"你知道吗？我以前真的很拼。"

"是啊，大家都喊你'女战士'呢。"

"哈哈哈，是啊，可是两个月前，我终于看到了我的'两头大象'。"

"你的'两头大象'？"

"对，一头是表象的'象'，"黎想一边说着，一边用手指在桌子上比画着，"一头是真相的'相'。"

嘉馨指着桌面上这两个别人都看不见的字，问道："表象？真相？"

"说实话，你们是不是都觉得我的业绩很好、收入很高、领导很重视？"嘉馨点了点头，黎想继续说道，"按理说，业绩好、经常拿奖，我的成就感应该就会强一些；收入高，我应该就会有经济上的安全感；领导重视，我应该就有发展前途。'有成就感、有经济安全感、有前途'听起来是不是挺好？"

"是啊，这多少人都梦寐以求。"

"这就是表象啊！大概没人知道，这个月的业绩完成后，我就开始焦虑下个月的业绩要如何完成了；这一次超额完成了，领导的期待值就更高，我就得接受更强的挑战。虽然说，升级打怪会让人成长和变强，我也不怕挑战。可当我开始留意另一件事，一切就不同了。"

"什么事？"

"我想怎么活？"

这句话一说出口，嘉馨和黎想都沉默了几秒钟。嘉馨突然想起白大仙帮她看到的三种画面，轻声嘀咕道："我们希望别人看到的、我们真实感受到的、我们渴望的。"

"对！你总结得太精辟了，就是这样！"黎想惊讶于嘉馨一针见血地抓住了核心。

"而且还有一点，你以为你想要的和你真正想要的，有时候根本不是一回事儿。大家都努力，所以我一直也很努力；领导要求业绩，我就去完成业绩；大家都说腰包鼓鼓的才踏实，我就拼命赚钱。就好像……就像你在拼命蹬自行车，可是车把不知道在谁手里握着。就是一种……无意识努力。我意识到这一点的时候，真的汗毛倒立。我在想，我这么拼，到底是为了什么？我想要的生活是这样的吗？每天只有工作、业绩、客户，冰箱里空空如也，健身房的卡过期了一次又一次，逢年过节心里第一个想的不是父母、看的也不是父母，而是客户……你说这多讽刺？后来我就在想，这样的生活是我想要的吗？如果是，我现在过得好吗？如果不是，那我到底想怎么活着？"

嘉馨专注地听着，一言不发。

"除了业绩带来的成就感和收入的踏实感外，我并没有幸福感。很多人打招呼的时候总是问'最近过得好吗？'，咱们都说'挺好啊'，可说实话，也就自己知道是不是真的好。可笑的是，我之前竟然对此毫无感觉。我真是太后知后觉了。嘉馨，你知道吗？我都30多岁了才意识到一件事，咱们从小到大一直在努力学习的都是知识、技能，可太少有机会学习该怎么活了。我们努力拼来的能力，并不一定会让我们幸福啊！"

嘉馨突然定住，心跳加速。

"那……那你离职是？"听到黎想这么敞开心扉地和自己聊天，嘉馨小心翼翼地问道。

"我想重新开始，换一种活法。"

"你知道公司传言要大裁员吗？"

"哈哈，听到风声了，不过你知道的，我从不关心流言蜚语。"

"也是，你是实力派。不过，公司都传言说你是被裁员的。我听到消息的第一反应挺难受的，替你不平。"

"哈哈，这消息歪得十七八里地了。我是主动递交的辞职信。"

"你真的太勇敢了！敬佩！"嘉馨做了一个双手抱拳的姿势。

"可不是让你学我啊，别轻易辞职。得想好你自己到底想怎么活、之后的路想怎么走。"

"你刚说，两个月前开始想的这些，两个月前是发生了什么吗？"

"对，我遇到了一位很特别的导师，经他指点我才明白，是时候要想清楚我自己究竟想要的是什么样的生活了。我到底是要继续沉迷于表象的灿烂，还是勇敢地面对真相的残酷？"

"你选了后者。"

"对。一开始我也不知该何去何从。从聚光灯下的掌声到回到一个人时的寂静，承认自己失败不是一件容易的事。面对真实的自己，就跟揭开包扎得漂漂亮亮的伤口绷带一样。嗨，那种无力、恐惧还有批判，真的不容易。"

嘉馨心疼地看着黎想，端起热牛奶轻轻地和黎想的拿铁碰了个杯。

黎想笑了笑说："没事儿，黎明前总是黑暗的。这不过来了吗？"

"嗯，但一定要离职吗？"

"哦，那倒不一定，这是我的选择，你可不要轻易学。"

"那你不怕后面没有收入吗？"

"嗯，这是个很现实的问题。我当时考虑了几个因素：（1）我的存款；（2）工作的意义是什么。我大概算了一下，我目前的存款按照我的消费水平，差不多不工作10年也饿不死。所以，我就开始大胆地想'我想怎么活'这件事。刚好看到一本书，书里有个工具叫'生命环'，我就画了一下。本来我以为，这么简单的三个环一会儿就画完了，谁知道我画了一晚上都没画完。"

"这么难画吗？"

"不是难，而是有很多事情我竟然从没认真想过。"

"什么事？"

"比如工作的角色。工作对我而言，究竟意味着什么？它在我的人生中扮演着什么角色？"

"你以为你想要的"未必是"你真正想要的"

"工作的角色？"嘉馨边听边思考。

"对，以前我把工作、业绩、收入当成我的目标，我的人生就是为了工作，我就是要一直努力奋斗，不惜一切代价，与此无关的我通通不在意。你不也说嘛，我活成了女战士。后来我才明白，工作不是我生命中的唯一，它只是我人生中的一个角色而已，是在帮我实现我想过的人生的一条通道。"

"实现想要生活的通道？"

"对，我以前就觉得工作嘛，大家都这么努力，所以我要更努力，我要做得更好。我把工作当成了目标，当成了我的终点。但事实上，工作是为了什么呢？赚钱？获得成就感？人生使命？可能每个人的答案都不一样吧。但至少它不是终极目标。如果是为了赚钱，那我赚钱是为了什么？如果没有赚到那些钱，又会怎么样？难道我就不活了吗？在很久很久之前，没有钱这个介质的时候，大家在怎么生活？金钱的本质到底是什么？这些都是我过去忽略的问题。"

嘉馨被这番话戳中：她今天就在为账单信息头大；她曾经也一直以为多赚钱就是成功，就能孝顺。她突然想起白大仙布置的作业，找到自己的金钱源动力。

"嘉馨，如果你赚到了你想赚的钱，你会想做什么？"

"我可能会先还清房贷吧。"

"然后呢？"

"然后我把我父母接过来，带他们吃好吃的，带他们去旅行，好好报答他们。"

"你真的好孝顺啊！"

"你不知道，他们为我吃了很多苦。"

"那你自己呢？"

"我啊，不知道。可能会去做点自己喜欢的事情。"

"哈哈，听起来这个工作不算是你喜欢的事情啊？"

"嗯，也不是完全不喜欢，只是，还是有很多不喜欢的地方。"

"那你会想做什么？"

"我……嗨，不一定能做到呢。"

"说说看呗，我好想听。"

"我想做点有意义的事，心里总会时不时冒出一个想法，想去帮助更多人，但具体做什么、怎么帮，我还没有想好。而且……我现在自己还没活出来，估计会很难吧。"

"哇，嘉馨，你真的太有大爱了。来，咱们碰个杯，提前祝你实现心愿啊。"

黎想举起拿铁，两人再次碰杯。

"谢谢。不过，你可别往外说啊……我还不知道能不能实现呢。"

"有了希望就好办。再说了，就算没实现，又能怎么样？"

"那会很丢人啊，一定有人说'笑死了，自己都还养不起，还整啥意义不意义的'。"

"让别人说去呗，又能怎么样？"

"会很丢人啊，别人会觉得我好高骛远、痴人说梦，我也会觉得自己很失败。"

"你好像很在意别人的看法啊？"

嘉馨突然一惊，心想："是啊。"

07
"你以为你想要的"未必是"你真正想要的"

"别人的看法那又怎么样呢?重要的是你自己怎么想。"

嘉馨突然觉得黎想的问题很熟悉:"'又会怎样呢''那又怎么样呢',咦?这不就是白大仙讲的'没心没肺追问法'吗?"她开始有些好奇,面前的黎想究竟是谁了。

"对了,那反过来说,如果没有赚足够多的钱,你觉得会怎样?"

"我估计会一直努力赚钱吧,其他的只能先放一放了。"

"所以,你觉得赚钱和做喜欢的事是两件事?"

"什么意思?"

"我是说,赚钱和做喜欢的事,不能是同一件事吗?"

嘉馨又呆住了。

黎想接着说:"其实,我还发现一个点。我们努力,明明是在追求让自己生活得更好,可伴随努力而来的却可能恰恰相反,有时不得不承认——更糟了。"

嘉馨再次被戳中,她想起白大仙给自己画的那张图,自己的努力已经让自己陷入了更巨大的压力漩涡。

"你想啊,假设咱们原来是5分,现在拼命努力想得到10分,"黎想在桌子上画了一条曲线,"可拼命努力换来的是3分,甚至是负分,那努力有啥意义呢?努力不对,一切白费啊!我有时候觉得,如果越努力越糟糕,一定是哪个环节出了岔子。"

"黎想,这些都是你的那位导师指点你的吗?"嘉馨终于忍不住问道。

黎想喝了口咖啡,点了点头。

"他是谁啊?"嘉馨特别好奇。

"时机到了,你也会遇到的。"黎想放下咖啡,眼神坚定地看着嘉馨。"嘉馨,你有没有想过你真正想要的是什么啊?"

"我……"

这个时候,一个熟悉的声音响起。

"我来啦——我来啦——哎呀,姐妹们,你们吃什么好吃的啊?"

循着声音望去,小太阳张黎正挥舞着嫩白的小手,嘻嘻哈哈地快步走来。

"哎呀,你慢着点儿,你现在可是两个人,还这么活蹦乱跳的。"黎想一边帮张黎拉开座椅,挥手示意服务员过来,一边关切地唠叨着。

"黎想跟我说我还不信呢,你平时那么忙,难得和你一起吃饭啊!"张黎把棒棒糖放到嘴里,就开始看点单卡。

嘉馨突然意识到,上一次和她吃饭还是出差时的一次工作餐。

"你俩看起来倒像是经常一起吃饭啊。"嘉馨说。

"都是名字里的缘分啊。"黎想回答道。

张黎抢过话头,说道:"是啊是啊,我俩名字里都有一个'黎'字。我第一次听说'黎想'这个名字的时候,就觉得这名字太好了,靠近'黎想',那就靠近'理想'了嘛,哈哈哈。"

点完单,小太阳张黎就把目光投向嘉馨,把棒棒糖从嘴巴里拿出,一脸好奇地问:"怎么样,最近好吗?"

嘉馨和黎想扑哧一下笑了。

"怎么了?我说错什么话了吗?"小太阳张黎有点摸不着头脑。

"没有没有，我们刚刚正在聊这个话题。"嘉馨说。

"什么话题？'最近好不好'的话题？"张黎问。

"是啊，我们刚正聊着说，很多人回应这句话的方式，就是'很好啊'。但其实只有自己才知道是不是真的过得很好；甚至可能自己都没认真想过这个话题。"黎想认真地回答道。

"你们聊这么深奥的话题啊？"张黎眨巴着一双大眼睛看向黎想。

黎想有些宠溺地看着张黎："你这几天身体怎么样，反应还大吗？"

"嗨，挺好的，就是在家闷得慌，幸亏你喊我出来坐坐，不然我都闷得长毛了……"张黎伸出两只手，在头上做了个长毛的姿势，惹得嘉馨和黎想笑个不停，"老公说不想让我怀着孕还工作，非要让我辞职回家待产。不过……"张黎靠近两人，悄悄地说，"我报了一个学习班，准备提升一下自己，闲着也是闲着。"

"原来你也是主动辞职啊？"

"是啊，不然呢？"

嘉馨心想："果然，公司的传言真是不可信。"

"你老公真心疼你啊。"

"是啊，不过，我也不能完全靠他养我啊，不工作我也得有收入，嘻嘻。"

嘉馨瞪大了眼睛："什么？你太深藏不露了啊，不工作还有收入？快说说。"

一阵香味扑来，服务员端上满满一桌的甜品。

"哇！终于来咯！他家的甜品特别好吃，尤其是这个，每次吃都好有幸福感。你俩快尝尝。"

08
终于明白,为何我明明那么努力,却变得那么糟糕

三个人嘻嘻哈哈聊到很晚,可嘉馨心里却是五味杂陈。

直到听见店员在议论会不会下雨,她们才发现窗外竟然阴云密布,响雷不断,三人匆匆告别。嘉馨一路狂奔,直到坐上地铁。一路上,脑中都在不自觉地回放她们三人的对话。

她发现自己是那么羡慕小太阳张黎一脸幸福的样子,她那么活泼、有灵气,吃一盘喜欢的甜品就那么满足,而且,她竟然早早就规划了自己的收入模式,才会即便现在不工作也有收入。

而黎想呢,活得好通透,她知道自己要的是什么,正在开始全新的人生。

"那我呢?我到底想要的是什么?我该怎么活?对我而言,工作意味着什么?"一整个晚上,"活法"两个字一直萦绕在嘉馨的脑

海中。

到家后，嘉馨在《人生之书》上画了两头大象，才心满意足地爬上了床。她知道，她离答案越来越近了。

终于又到了见白大仙的时候。

嘉馨一股脑地讲述了一周来的境遇，尤其是黎想和张黎带给自己的触动。

"这几天我在办公室见到同事跑来跑去的时候，我都在想一件事：对他们而言，工作意味着什么呢？他们这么努力是为了什么呢？我看到的是他们真实的状态吗？就像黎想，大家都以为她是被裁员的，但实际上是她想换种活法而主动选择的辞职，而且很多猎头在挖她，她根本不担心没工作；还有张黎，同事都以为她因为怀孕被开的，实际上是她老公心疼她才让她休息的，她怀着孕还报班学习，而且她真的好快乐啊，浑身都散发着活力。想想我自己，一刻不敢停下，看起来工作不错、房子不错，可我只能一直连轴转地努力，别人的存款可以养活自己 10 年，我却像被捆住手脚的螃蟹动弹不得……是不是哪里出错了？"

白大仙听着嘉馨一顿诉苦，温和地问："有挫败感了？"

"我只是觉得和大家相比，我怎么就活得一塌糊涂？就像黎想说的，我们这么多年一直都在学习知识、提升各种能力，但好像极少去想人生活法的话题。"

"哦呼？！看来你身边出现高人了啊？恭喜你，这么快就进入第二道关卡了！"

"第二道关卡？"

"对，第一道关卡就是在混乱中弄明白'我怎么了？我真正想要的是什么'；第二道关卡，就是站在人生角度，弄明白'我想怎么活'。上次的作业你完成了吗？找到你的金钱源动力了吗？"

"嗯，找到了。一开始，我以为我的金钱源动力是让家人过上好的生活，可现在却变成了很现实的还贷款。"

"嗯，为了还贷款而拼命努力赚钱。"白大仙推了推眼镜。

"听起来好像有点糟糕。"嘉馨泄气地说。

"嗯，听起来好像为了让家人过上好的生活，你买了房子，然后你就不得不拼命赚钱，把自己逼成了'赚钱机器'？"

嘉馨愣住了。

"好像……好像是的。"

"你家人认为的好生活，是你现在努力给他们的吗？"

嘉馨再次语塞。

"你问过家人没？他们怎么说？"

"他们说，只要我过得好他们就开心，他们在哪里住都不重要，不想让我压力那么大。"

"嗯，上次你说一定要让父母在最好的地段住上最好的房子。"

"是的。"

"这个念头哪里来的？"

嘉馨想了一会儿，突然抬头看着白大仙。

"想到什么了？"

"那个亲戚，那个可恶的亲戚！"嘉馨下意识地跺了一下脚，"对，是她！她逢年过节来我家，总是吹嘘自己孩子以后要带自己住大房子、吃大餐……还挤对我是个女儿，以后要给老人选个好点的养老院……我就受不了了。"

此时，白大仙手指一挥，空中屏幕上再次出现了那张幕后BOSS分析图。

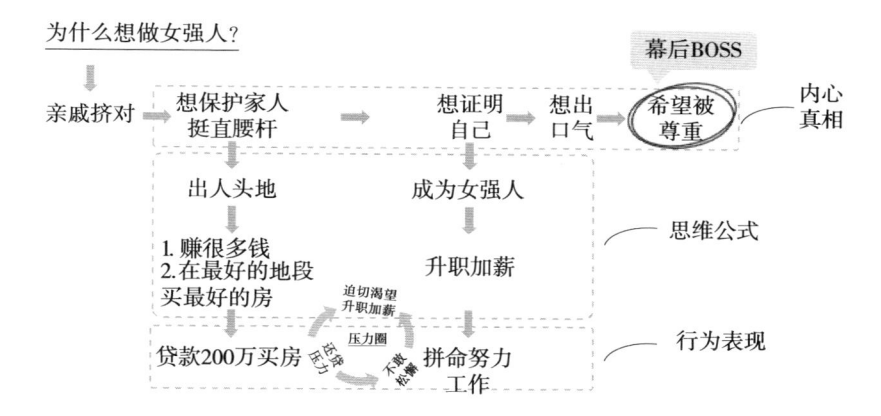

为什么想做女强人？

亲戚挤对 → 想保护家人挺直腰杆 → 想证明自己 → 想出口气 → 希望被尊重 ——内心真相（幕后BOSS）

出人头地　　成为女强人
1. 赚很多钱
2. 在最好的地段买最好的房　　升职加薪 ——思维公式

迫切渴望升职加薪
压力圈
贷款200万买房　　拼命努力工作 ——行为表现

嘉馨盯着这张图沉默了一会儿，突然叫道："我知道了！我知道我为什么明明那么努力，现在却让自己变得这么糟糕的原因了。"

"说说看。"

"我明明是希望自己被尊重，希望能够证明自己，让家人生活得更好。可是我却让自己活成了'赚钱机器'，就为了……为了看起来'挺好'。而且，我的出发点，是因为别人的态度，而不是我自己。我在为别人活啊，我不是在活我自己啊，更没有留意我父母真正的心声啊！天啊，如果我自己都没有尊重我的人生，别人又怎会尊重我？每天为别人活，我又怎会越活越好？"

白大仙竖起大拇指。

"我知道我为什么羡慕黎想和张黎了!"

白大仙静静地等着嘉馨说下去,眼神中充满了期待和欣慰。

"她们都正朝着自己喜欢的方向努力,她们在做喜欢的事,她们把时间花在了喜欢的事情上。黎想问我,我有没有想过真正想要的是什么?我说,我想让家人过上好生活。可扎心的是,我为此活得越来越糟糕。她问我,我自己想要的是什么?我也答不上来。后来,她又问我,如果没有金钱压力了,我想做什么?"

"你怎么回答的?"

"我说我想去帮助更多的人,做点有意义的事。每个人都是有价值的,我觉得我也有。"

"你想帮助更多的人,做有意义的事,实现你的价值,听起来不错。"

"嗯。但我不知道我能帮助别人什么、具体能做什么。"

"恭喜你。"

"什么?"嘉馨觉得白大仙一定疯了。

"恭喜你,你已经在找你的 PFE 了。"

"什么 PFE?"

"PFE 就是 purpose for existing,就是你的存在意义,你为什么存在。当你开始寻找你的 PFE,就说明你已经跳脱出具体的事情层面,开始思考人生了。"

"我为什么存在?这个问题有点哲学了,有点像人生三问:我是谁?从哪儿来?到哪儿去?"

"没错,大多数人只有在经历低谷或者人生折返点的时候,才有机会让自己暂停下来,思考这些问题的答案。"

"也是,平时大家都忙着工作、忙着带娃,哪有时间想这些?再说,思考人生能让大家迅速赚到很多钱,或多个带娃帮手吗?"

"这个……坦白地说,我不能保证。"

嘉馨正想说"那在事情层面还是人生层面思考又有什么区别",就听白大仙补充道:"至少,它可以让你不这么混乱,让你生活得比'挺好的'更满意一些。也许更有钱,也许更幸福,谁知道呢?但我知道另一件事……"

"什么?"

"一旦你开始想这个问题,你就会忍不住想要找到这个问题的答案。"

"这倒是。自从黎想问过我'到底想怎么活'之后,我的脑袋就时不时地蹦出这个问题。可是,找到了 PFE 之后会怎样?"

"想想看,就像你刚才所说,在你没有金钱压力的情况下,你会想去帮助更多人,想做有意义的事。我们假设你知道了具体想做什么事,你会怎样?"

"如果知道了具体想做的事,那我就去做了啊!"

"没错,找到 PFE 之后,你就会开始想要去实现它!"

"实现它?可是那得等到我赚够钱之后才能开始吧?"

"好问题,你觉得赚多少钱算是足够的呢?"

"这个……具体我还没想过。"

"来，送你一个余生计算器[①]，回去算一下。"

"哇，太谢谢了！可我怎么知道我的 PFE 是什么呢？"

"这个答案，当然只有你自己知道。你想怎么活、你的存在有什么意义，只有你自己知道。或者说，只有你自己可以定义。"

"也就是说，我可以自己决定我该如何活着？我可以自己决定我的存在意义？"

"当然！"

"这真的是太……我是说，真的是太令人兴奋了！我从来没这么想过。一直以来都是听公司说工作好坏的标准，只有业绩好我才有价值；听亲戚们说女孩没有用，嫁个好人家才有价值；听社会上说成功就得有地位，你有能力才有价值；听朋友们说过得好得有钱、有房……我好像真的没有想过，原来我自己可以决定自己的标准，我可以自己定义我的人生，我的存在也许……也许存在本身就是有意义的，它无关别人的标准。我可以做很多对别人有价值、有意义的事，我也可以按我自己的意愿过完此生。天啊！这太不可思议了。"嘉馨浑身上下都在兴奋。

"你说得没错。"

"那我可以怎样找到我的 PFE 呢？"嘉馨有点迫不及待了。

"这个可能每个人的方法都不同。我可以分享给你两个方法试试看。"

[①] 可关注公众号"跨界力"，回复"余生计算器"，免费获取。

"太好了，我记一下。"嘉馨迅速打开本子。

"第一个方法，觉察信号。有的时候，你可能就是在某个瞬间，突然有了一个感受，然后决定要做什么。有的人偶然看到一张山村孩子的照片，就决定要去支教；有人在某个深夜仰望星空，突然决定也要做一颗能点亮别人生命的星星，就走上了导师之路；有人可能无意间帮别人改变了衣着妆容，看到对方的眼神从胆怯到闪着光，就突然决定要帮更多人变美变自信……在那个时刻，你的心是雀跃的，你可能会汗毛倒立，你可能变得很兴奋，你能感觉到前所未有的使命感。所以，你可以留意你的感受。"

嘉馨奋笔疾书，白大仙停顿了一下，接着说。

"第二个方法，三看三问。分别从三个角度来问自己三个问题。简单说就是：看过去的满足事件，看现在的人生偶像，看未来的缅怀印象。

"你可以试着问自己三个问题：

（1）回想你曾经感到过满足的情形。当时你做了些什么？你为什么感觉非常良好？

（2）举出一两位你的人生偶像。你最佩服谁？为什么？用几个词描绘一下这个人。

（3）你希望朋友们怎样缅怀你？假设你已经不在人世，你希望别人用怎样的表达纪念你？

"在这三个问题的答案中，就藏着你希望活成的样子，你希望如何存在这个世界上，也就是你的 PFE。"

"那如果我的人生真的很简单，我还是想不出来答案，怎么办？"

白大仙敲了一下嘉馨的脑袋,然后指着桌上的一个蛋糕盒子:"来,想吃什么?自己拿。"

"什么?"

"你想吃什么?喜欢哪个?"

"这里,什么都没有啊?"

白大仙笑了笑,朝门口打了一个响指。随即进来一个小机器人,机器人头上顶着一个长方形的盘子,里面是各式各样的小甜点,漂亮极了。

"现在呢?喜欢哪个?"

嘉馨愣了一会儿,突然明白了。

"我懂了。如果没有答案,是因为可选项是空的。"

"没错!去看、去听、去感受!也许在某个时刻,你的心就动了。"

"好主意!"烧脑了这么大半天,嘉馨也的确有些饿了,拿起一块芒果小蛋糕一口塞进嘴里。

"嗯~好吃!",嘉馨又选了一块巧克力慕斯,"嗯~也好吃!"

白大仙看着嘉馨的吃相,打趣道:"慢慢吃。你在公司应该不会这样的吧?"

"那哪能呢?这不在您这儿,我可以放心做自己嘛。"

"记住,任何时候,你都可以做真实的自己。"

"好!白大仙,您也吃,这块儿好好吃。"

09

与死神对话：生死面前，万事皆休

这个周五，嘉馨被领导安排出差，给外地的分公司培训。看着滑过列车窗外的田野，看着远处的村庄、树林、天上难得一见的棉花糖似的云朵，她突然就想起了那几块好吃的漂亮糕点。

她到现在都记得它们在嘴巴里的味道，她真的太喜欢那一口下去的满足感——她从小就惦记着这样的感觉。

嘉馨看了看表，还有五个小时才到，就从背包里拿出《人生之书》，思考白大仙布置的作业：寻找 PFE。

她开始努力地搜索自己曾经出现过的念头：让自己更成功？被人看得起？带家人过上好生活？

随即她又想起上次和黎想两人的对话，想到自己也是羡慕那种有活力的生命状态，羡慕黎想那样通透的生活，甚至有些佩服她对自己的点拨。

"我的 PFE 究竟是什么呢？"嘉馨望着窗外的田野，思绪横飞。

"算了，试试另一个方法吧。"

嘉馨在本子左侧的上中下三个位置，分别写上"看过去""看现在""看未来"，然后玩命儿地搜索记忆。

"我过去感到满足的情形是什么呢？当时我在做什么？为什么感觉非常良好？"

嘉馨突然想到，她考上大学那年，亲朋好友都来祝贺，就连那个令人讨厌的亲戚也笑盈盈地跑来串门。那个夏天，自己是村里家喻户晓的"有出息"的孩子，更是全家族的骄傲。

"我的人生偶像是谁？我最佩服谁？为什么？"

嗯，嘉馨想到自己最佩服的一个人其实是自己的母亲。她在重男轻女思想浓厚的家族里坚强地养育自己，一个人承受了那么多依然乐观又温柔，她的坚强是令人佩服的。

嘉馨又想到电视剧里那些"杜拉拉"一样的职场女性，她们独立自主、魅力又聪慧，浑身散发着光芒，让人忍不住想靠近。嘉馨曾经也想活成这样，可近来，这样的想法似乎变了。

此时她脑海中出现了黎想和自己聊天的画面，还有张黎笑嘻嘻挥手走进咖啡厅的画面。她似乎觉得相比看起来的光鲜，她更爱这样鲜活的生命力，更爱这样的松弛和快乐。这种力量感从心底生发、源源不断，她感觉无比踏实。

"希望朋友们怎样缅怀我？假设我已经不在人世，我希望别人用怎样的表达纪念我？"

如果一个人不在了，就从这个世界消失了，无论如何伸出双手也无法触碰到了。想着想着，嘉馨伸出了手。

如果要证明自己来过这个世界，唯一的方法就是留下些什么吧？留在一些人的记忆中，直到连这些人也把自己遗忘。可他们为什么要记着我呢？我希望他们记得我什么呢？想起我的时候是什么感觉呢？拼命努力的、成功的、孝顺的？好像都不是。那是温暖的、活力的、给过他们希望和启发、善良的、美好的？

窗外田野里滑过一根根的电线杆。

嘉馨突然想道："或者，我也可以为这个世界做些什么贡献，留名青史？"想到这里，嘉馨感觉自己真是异想天开。

"母亲大人来电话了，母亲大人来电话了……"嘉馨的手机突然响了。

"你在哪儿？"

"我在火车上，出个差。"

"……"电话那头似乎有些哽咽。

"妈，怎么了？出什么事儿了？"嘉馨感到不妙，浑身紧张起来。

"你爸在手术室……本来我不想给你打这个电话的，怕影响你工作。但……你爸已经进去好久了，而且刚才又急匆匆进手术室几个大夫……我……我可担心……"

"妈，我爸怎么了？怎么进手术室了？"

嘉馨母亲这才把父亲得直肠癌的事情告诉了她，她上一次在电话里听到父亲声音有些虚弱时，正是父亲刚做完肠镜检查。母亲害怕嘉馨难过，就一直隐瞒着。

"妈，你别怕，我这就回去。你等着我。"嘉馨用尽全力强忍着哭腔。

之后她手忙脚乱地收起小桌板，本子塞包里，拿起手机冲到乘务员面前："请问……请问下一站到站还要多久，我想下车。"刚说完，眼泪就止不住地夺眶而出。

乘务员迅速递给她一张纸巾："还要25分钟。女士，请问是发生什么事儿了吗？"

"25分钟，25分钟，从这里返程还需要三个小时。再赶到医院，起码要四个小时了。这怎么办？我该怎么办？"

"大魔头来电话了……大魔头来电话了……"突然，手机又响了起来。

"嘉馨，今天好好表现，你代表的可是咱们品牌部。分公司刚来电说，他们所有的员工都从市场赶回公司了，就等着听你培训。"

"可是领导……"

"你可别给咱们部门丢脸。"没等嘉馨说完，大魔头挂断了电话。

怎么办？一边是父亲，一边是整个分公司的人；是掉头返程，还是去培训？

嘉馨终于体会了什么是热锅上的蚂蚁，她一边抽泣着，一边拨通了男朋友的电话。虽然还在冷战中，但她此刻实在不知道该找谁。

"好，你先别急，你就算现在回来也要四个多小时。我先过去，你等你那边完事儿了就尽快赶回来。医院地址发我。"

发过地址后，嘉馨紧绷的神经才松懈下来，倚在车厢角落哭了起来。

终于培训完了,嘉馨一路飞奔返程。看着男朋友的一条条信息,心里把自己骂了上千遍。

"我已经见到阿姨了。"

"手术还在进行,你别担心。"

"叔叔出来了。"

"306 病房 05 床。"

赶到医院时,已是凌晨。

她飞奔上楼,跑到病房门口时突然停下了脚步,心里忐忑起来,脑中闪现出各种场景,不敢进去。

"别担心,阿姨,嘉馨正往这赶呢,她白天抢不到票。这会儿估计快到了……"

一个熟悉的声音从病房传来,嘉馨心里咯噔一下,恨不得把自己撕碎,她很清楚哪里是抢不到票回不来?作为亲生女儿,自己没有立刻回来,而男友却在帮自己找借口安慰母亲。

嘉馨深吸一口气,推开门,病床上的父亲瘦弱如柴,闭着眼睛一动不动,身上插着好几根管子,床头柜上放着呼吸机和心电监护仪。明明才几个月没见而已,父亲怎么就憔悴成这个样子。

她缓缓地走过去,轻轻地拍着父亲的胳膊,"爸……爸……"她一遍遍地喊着,却没有任何回应。

送走了男友,嘉馨把家里钥匙递给母亲,嘱咐她好好睡一觉。

病房里,只剩下隔壁床的病人、一动不动的父亲,还有自己。安静得连呼吸声都听得到。

嘉馨轻轻地握着父亲的手,眼泪吧嗒吧嗒地往下掉。她恨不得把自己撕碎,心里一遍遍地喊着"爸……爸……我来了,你醒醒,你醒醒……对不起,爸……对不起……我……我太不孝了……爸,你打我吧,爸……"

忽然,病房门口出现一个黑影,只见他手里捧着一个本子,却看不清面容。

嘉馨浑身一颤:"你是谁?"

那道黑影没有说话,望了一眼病床上的父亲,在本子上写了些什么,转身而去。

嘉馨忽然汗毛倒立,觉得哪里不对劲,快速追了出去,大喊:"你回来!你是谁?你写的什么?你在干什么?"

没承想,那道黑影竟然停了下来,默不作声。

嘉馨也停了下来,贴在走廊的墙壁,浑身颤抖。

"你……你是谁?"

那道黑影缓缓地转身,望着嘉馨。嘉馨猛地后退,贴墙壁更紧了。

黑影正准备转身离去时,嘉馨好像忽然意识到了什么,颤抖着向前迈了一步。

"你是……莫非你是……"黑影停了下来。

"你是来带走我爸的吗?是吗?"嘉馨的声音在颤抖。

"求求你……求求你别把我爸带走,他辛苦一辈子还没好好享受这个世界，求求你给我个机会，让我带他看看这个世界，我愿意用我的命来交换，求求你……让我陪他好好活一次吧……我真的错了，求你给我一个机会……"嘉馨跪在地上，哽咽地乞求着。

那道黑影缓缓靠近，拍了拍嘉馨的肩膀，转身离开了。

"快醒醒，醒醒。"

病房里，护士拍打着嘉馨。

嘉馨身体一惊，立刻转头看向父亲，随即又看了看床头柜上的心电监护仪。

"别担心，你父亲没事儿，等麻药劲儿过去，你试着喊喊他，帮他恢复下意识。"

嘉馨抹掉眼泪，"好，谢谢你，护士。"

"你……是不是做梦了？"护士把嘉馨从地上扶起来。

"嗯……"

"照顾好自己，你家人醒来后一定不希望看到你这么憔悴是不？"

嘉馨点点头。

护士离开后，嘉馨静静地守着父亲，回想着刚才的梦，心有余悸，又万分愧疚。究竟有多久没有这么近距离地端详过父亲了，怎么连父亲生病都没有觉察到？上次电话就该留意到母亲的欲言又止的，自己到底每天都在瞎忙什么？明明是想给家人好生活，为什么越努力越糟糕？

嘉馨默默抽泣着，时不时擤一下鼻涕，不敢作声。

"叮咚……"嘉馨手机屏幕亮了,下属小米发来一条语音信息。

"领导领导,小道消息!快下班的时候,市场部经理谢聪慧被总部派来的 HR 叫走了,大家都在议论是不是要升她了。你快想……"

语音还没播放完,嘉馨就把手机扔在了一边,原本就低落的心情,此时更是再度跌落到深渊。她只觉得浑身无力,似乎再努力也抵不过别人的一次"衣角事件"。

望着满身管子依然昏迷的父亲,升职?赚钱?发展?都算得了什么呢?一切的不甘、委屈,与生命相比,都变得无足轻重。

然而,生命也好,命运也罢,似乎都不由自己做主。

她又开始迷茫,人活着究竟是为了什么?

嘉馨趴在父亲身边,平日里的坚强顿时消失不见,此刻只感到自己无比弱小。

10

探梦：你的梦里藏着什么信息

"白大仙，我做了一个梦。"嘉馨刚见到白大仙就迫不及待地开门见山。

正在旋转的粉红座椅突然停了下来，白大仙推了推眼镜。

"来啦？做什么梦了？"

"我看见男朋友在站台上看着我笑，然后转身走了。"

"等等，哪儿的站台？"

"我也不知道，只知道是一个列车站台，我在火车上，他在车外站台。"

"继续。"

"我想喊他，可是拼命喊也喊不出声音。我就想下车去找他，可这个时候车开了，我下不去了，我就往车尾跑。终于透过窗户我又看见他了，可是他却一直往回走。我拍打着窗户，他却怎么也听不见。

就在这个时候，我看到我妈搀着我爸在他前面走。我喊他们，他们也好像听不见，我就继续往车尾跑，突然就被一双高跟鞋绊倒在地，我转头想看清是谁，结果一个行李箱朝着我的头顶就掉了下来，我就吓醒了。"

"砸到你了吗？"

"还没砸到，我就吓醒了。"

"看清楚绊倒你的人是谁了吗？"

"没有，还没来得及看就醒了。"

"这个梦挺有意思的。你这周是不是又发生什么事儿了？"

"是，发生挺多事儿的。"

"你愿意聊聊吗？"

"嗯。"

嘉馨向白大仙讲述了自己去出差、父亲生病、那道黑影、收到下属小米信息的事儿。接着又一五一十地讲述了自己犹如过山车的一天。

这周，嘉馨父亲的身体稍微恢复了些，能进食一些稀粥了，母亲让嘉馨回公司工作，晚上再来替换自己。

刚回公司的第一天，嘉馨就觉察到整个办公室的氛围怪怪的。

"领导领导，咱头儿让你来了之后去他办公室。"

"咱头儿？张头儿？"

"嗯嗯，他回来啦。"下属小米一脸神秘，"总部 HR 也来了。"

"好，我知道了。"

嘉馨从包里拿出一个信封，深吸了一口气，走进老领导办公室。虽然短短几步路，嘉馨感到办公室无数双眼睛在盯着自己。

"嘉馨，好久不见啊。坐。"

"张头儿，你终于回来了。你找我来，是……"嘉馨手里摩挲着那个信封。

"手里拿的什么？"

"辞职信。张头儿，这次总部 HR 也来了，是要开始了吗？"

"开始什么？"

"大裁员。"

"哈哈哈……"张头儿看着面前强装镇定的嘉馨突然笑了起来，"的确是要换一换血，做些组织调整。不过，严格上来说，不算'大裁员'。"

嘉馨好奇地看着张头儿。

"你是不是好奇这段时间我去哪儿了？"

"是，公司各种传言，有点担心您，发信息您也没回，也不敢继续问了。"

"是遇到了一些麻烦，不得已去了趟总部。一切没有尘埃落定前，我不方便跟你说。现在可以告诉你了。"张头儿从文件夹中取出一份报告放在嘉馨面前，"你看看。"

"张头儿，您现在是整个华北区的总经理了？这……恭喜您啊。"

"再看看这个。"张头儿又递给嘉馨一份报告。

"市场部和品牌部合并为市场品牌部，由上海分公司首先试运行。"嘉馨不可思议地望着张头儿，"张头儿，这是？"

"你是不是给总部的品牌主管发过一份市场报告被驳回了？"

"是，您怎么知道？"

"不是你抄送给我的吗？那份报告我拿给总部的高层领导看了，领导很赞赏你对市场数据的敏锐分析。而且作为分公司品牌部经理，能主动放眼全国，关心公司的整体发展，不仅仅停留在KPI要求的层面。我果然没有看错人，你不仅有远见，还有责任感。"

这突如其来的一顿夸，嘉馨都有点不好意思了。嘉馨突然很庆幸，多亏回复邮件时不小心选择了"全部回复"，这才给老领导也抄送了一份。

"市场部和品牌部原本就是一个整体，现在各自为营的风气已经影响了公司的发展，非常有必要合并起来统一管理。"

"那之后都由那个'魔头'……嗯……以后都由雷总监带领吗？"

"怎么？"

"嗨，那大家估计完蛋了。不过也跟我没什么关系了"嘉馨看着桌上的辞职信。

"他马上就不会带你们了。"

"什么？"

"公司今天会发邮件公告，到时你就知道了。现在有一个重要的事。"

嘉馨好奇地盯着老领导。

"你有没有兴趣负责这个新部门？"

"您是说？品牌部和市场部合并后的新部门？"嘉馨难以置信地看着张头儿。

"怎么样？敢不敢挑战一把？"

"张头儿，我以为您找我来是……"

"谈裁员的？所以带了辞职信？"

"嗯。公司小道消息说市场部经理谢聪慧要升职。"

"她也不会在公司了。"

"什么？"

"是的。你辞职是因为他们？"

"也不全是，主要是这段时间发生了很多事，我也想了很多。加上父亲住院，我第一次感受到生命太脆弱了，我想好好陪陪他们，也想思考接下来的路该怎么走。"

"难怪你看起来憔悴了这么多。换个角度想，这也是好事，你好好想想，我等你答复。你父亲怎么样？我给你批假，你安心陪家人。"

"谢谢头儿。"嘉馨眼眶湿润地看着张头儿，心想，"这就是张头儿，永远在乎员工的张头儿。"

嘉馨刚回到座位，办公室里突然一片哗然，她赶紧打开邮件。

人事变动通知：

销售总监兼品牌部代理总监雷大壮同志、市场部经理谢聪慧女士，因违反公司廉洁制度，经核查属实，予以开除处理……

原品牌部总监张亮同志升任华北区域总经理，管理华北地区七家分公司……

震惊之余，嘉馨突然明白，原来如此。张头儿说遇到的麻烦，就是这件事吧，幸好张头儿的保卫战圆满胜利。可想到自己心心念念的升职终于可以实现，嘉馨却有些犹豫了。

"嘉馨，晚上一起吃个饭吧，还在老地方。"嘉馨男友发来一条信息。

嘉馨开心极了，心想莫非是庆祝升职吗？可虽同在一家公司，又不在同一部门，他是怎么知道自己要升职的消息的呢？

一下班，嘉馨赶紧补了补妆，激动地直奔他们第一次约会的餐厅。这是他们冷战后，严格意义上的第一次约会。

可饭还没吃完，嘉馨就强忍着泪水跑出了餐厅。

不知跑了多久，嘉馨拐进了一个小巷子，除了高耸的路灯和偶尔扫过的车灯，这里没有行人。嘉馨蹲在地上痛哭起来。

"喵~"一只橙色的大橘猫靠近，闪着一双忽闪的绿色大眼睛，把嘉馨吓了一跳。嘉馨赶紧起身，向家走去。

走着走着，嘉馨感觉不对劲。身后似乎有人跟着自己，她不敢回头看，紧紧攥着手机和包，加快了步伐。

终于，他看到了站岗的门卫，快速跑向前，大喊一声"晚上好！"

门卫向嘉馨敬了个礼，嘉馨回头时，看到一个身影消失在街角。

终于回到家，嘉馨一屁股坐在沙发上，想着男友的话，想着刚才的惊心动魄，一时间觉得无助又委屈，眼泪再也忍不住了。

可此时，嘉馨瞥见茶几上的小金鱼一动不动，翻着肚皮，耷拉着尾巴，静静地漂浮在鱼缸里。她一个激灵冲到鱼缸面前，晃了晃鱼缸，小金鱼随着水波晃动了几下，没有反应；嘉馨又怯怯地用食指轻轻戳了一下金鱼的身体，小金鱼依旧没有反应。

嘉馨瘫坐在地上，两只手捧着鱼缸，看着一动不动的小金鱼，哇的一声痛哭起来。

哭着哭着，她便做了那个在列车上奔跑的梦。

讲到这里，嘉馨低着头，悄悄擦着眼泪。

白大仙递给嘉馨一盒抽纸，"吃饭时发生了什么？"

"他……他……"嘉馨吸溜了一下鼻子，"我以为他是来庆祝我升职的，或者是和好的，或者借此机会再来个什么惊喜……"

"比如……求婚？"

"嗯……呜呜……"

"结果呢？"

"结果……呜呜……结果是……他跟我提了分手……呜呜……"

白大仙静静地等嘉馨的哭声弱了下来，说道："以为总部裁员开始，结果老领导回来；以为要被裁，结果是升职；以为是惊喜，结果是分手；回家还遇到被人跟踪、金鱼又死了……你这一天之内，经历了过山车啊！灰心、意料之外、惊喜、期待、痛苦、害怕、伤心……"

刚刚弱下来的哭声，又大了。

"你在梦里拼命往回跑，是想回哪里？"

"我想下车。我看见了我男友，不对，已经是前男友了……我想回去，我想下车找他。"

你想活出怎样的人生
摆渡船上的人生哲学

"是想挽回这份感情？"

"嗯。后来我又看到我爸妈了，我更想下车了。我不想离他们越来越远。他们都是我最重要的人。"

"梦里的你爸妈是什么情景？"

"我爸穿着病号服，披着他的咖啡色外套，我妈就搀着我爸一步一步向前走。"

"那个高跟鞋会让你想到谁？"

嘉馨想了一下，说："那个'衣角事件'的主角，我们市场部经理。"

"梦里的行李箱，你觉得让你想到什么？"

嘉馨想了好一会儿，说道："离开。"

白大仙不再说话，静静地看着嘉馨。

过了一会儿，嘉馨冷静了下来，问白大仙："这个梦是有什么隐藏信息，或是什么意义的吧？"

嘉馨想起白大仙说过要学会洞悉事情背后的信号，她记得《梦的解析》里说，梦里感知到的一切是有意义的、是愿望的满足，反映着我们的潜意识。难不成这个梦也藏着自己的什么愿望吗？

"梦里的列车就像是你人生这趟列车，那双绊倒你的高跟鞋就像是你职场中遇到的阻碍，那个掉落的箱子，暗喻着离开和压力。"

嘉馨瞪大了双眼，盯着白大仙，默不作声。

"你是不是觉得你同事让你遭遇了不公平？升职受阻，裁员又带给你压力和焦虑？现实里，你去极力争取表现机会，在去分公司培训的列车上接到电话后，陷入了返程或继续的两难选择。你很后悔没有立刻返程,所以在梦里你极力地想返程,这是你的愿望;梦里你下不去车,这是现实在梦里的反映。这里还有一层含义。"

"什么含义?"

"你想返程,不仅仅在梦里弥补你上次做选择的内疚;这个返程,也暗喻着你想回去,紧紧握住你的爱情、你的亲情。你觉得是吗?"

"是。"嘉馨的眼泪又止不住了。

"或许,你遇到了你的'人生折返点'。"

"人生折返点?"

"对的,大多数人的人生都会遇到一个'人生折返点'。只是有的人早些,有的人晚些,有人可能直到生命最后才想明白。"

"你说的是返程吗?"

"给你讲一个故事吧。"

一个老农夫一直抱怨上天对他不够眷顾,让他如此穷苦。上天听到了,对老农夫说:"你只要现在从这里跑出去,再绕个圈回来,你所跑的圆圈范围内的土地就都是你的。但切记,一定要在太阳下山前赶回来,不然就都不算数。

老农夫很开心,迫不及待地向前跑。中午时,他觉得该返回了,但又一想,再多坚持一下,就可以把儿子和孙子那份也跑回来了。他一直坚持跑,拼命跑,直到一抬头看到夕阳,才恍然发觉要来不及了,于是他又拼了命地往回跑,可为时已晚,一切都无法作数了。

"你看,在我们的一生中,是不是有很多类似的场景?我们这么拼命地向前跑,到底追逐的是什么?很多人只有在一些特定的情景下，才会突然意识到，脚下的路似乎并不是自己真正想走的路。也许该慢一些，也许该转个弯，也许该掉头……"

嘉馨陷入了沉思。

"就像我拼命地努力，却越活越糟糕吗？"

"这并非是你努力的错。人生的轨迹和每一段路的结果，都是你的选择。重要的是要守住欲望，对准真正的心愿，才能不偏航啊。"

"不是所有人都会那么清楚自己真正的心愿吧？而且，万一这个心愿变了呢？"

"是的，有的人很早就清楚，有的人一生都不清楚这辈子到底是图什么，这都很正常。关键是你自己，你希望无意识地过一生，还是心满意足过此生？"

"啊，那当然是后者了。"

"关于心愿会不会变，这个因人而异。在不同的阶段，答案也许会有所不同，也许会随着我们的认知和洞见的变化而变化。但这又有什么关系呢？至少，你走的每一步、你的每一个选择，都是你当下认知范围内做出的最好的选择。只要你每一步都走得清晰、澄明，那你这一生不就是一个你说了算的人生吗？"

"是啊！"嘉馨惊呼，可转而又沮丧了起来，"那如果我现在朝着新方向出发，之前的路岂不是白走了？"

"你忘记了我们刚才说的了吗？你走的每一步，都是你当时能做的最好的选择。也就是说，你走的每一步，都在帮助你向前走。这就是它的意义所在。再问你个问题，在你的人生列车上，你想做列车长还是乘客？"

"我的人生列车,那当然是做列车长啦。这样我想停车就停车,想去哪里就去哪里。也不用拼命往回跑,还下不了车了……"

"对咯。那从现在开始,你要回到你的座位上去。"

嘉馨赶紧坐到旁边一把椅子上。

"很好!行动很快!但我说的是,你的人生列车的座位。"

"啊!我要去车长室!"

"没错!来,给你的奖励。"白大仙打了个响指,小机器人就顶着一盘甜点进来了。

嘉馨两眼放光。

"尽情享用。"

白大仙等嘉馨吃了一会儿甜点,缓缓地说道:"现在心情如何?"

"还不错。"嘉馨眯着眼睛笑道。

"嘉馨,借着刚才'人生列车'的话题,我要再跟你分享一件事。"

嘉馨好奇地抬头。

"你知道,既然是列车,就有人上车,有人下车,有的人我们喜欢,有的人我们不喜欢,有人一站就下车了,有人和你同行了许久。对吗?"

"是的。"

"无论如何,在列车到达终点之前,列车长同志,你会停下不走吗?"

"应该不会。"

"是的，很多人也许只是你生命中的一个过客。所有出现在你生命里的人，他们是否会影响你的整个人生轨迹，这取决于你。我们的人生就像一张巨大的生命织锦[1]。在某个特定的时间点上，你的生命织锦是由你的之前的每个思想、感觉、经验、人际关系、情绪、事件织成的。

"你遇见的每个人，也有他们的人生轨迹，有他们自己的生命织锦。你们的相遇，就像一张张巨大的生命织锦的相遇。你会遇见很多人，也会走进很多人的生命。你希望让你的生命织锦更漂亮吗？"

"当然希望！我要怎么做？"

"当我们增加这些经验、感知后，我们的织锦就会更宽广；如果我们限制这些，我们的织锦就会狭小。所以——"

"所以，那就多多增加经验、感知。"嘉馨抢答。

"最重要的是，要让更多美好的经验进入你的人生！因为所有被你感知到的东西都将成为你织锦的一部分。"白大仙走近嘉馨，轻轻拍了拍她的脑袋。

"我懂了！既然好坏都会成为织锦的一部分，那当然得让美好的经验多一些啦！"嘉馨兴奋地抢答道。

"哈哈哈，对！"

"那，我该怎么让美好的经验进入我的人生？有什么具体的建议吗？"

"试着找到你真正的喜乐和幸福是什么；追随你内在的声音，做

---

[1] 出自《死过一次才学会爱》。

让你快乐的事；不断地突破你的信念限制；还有与你的 PFE 联结。"

"好！我记下了！"

"这一次给你留一个特别的作业，写一份你的遗愿清单。"

"什么？一般不都写愿望清单吗？"

"这次，试试遗愿清单，你会有不一样的感受。也许，它会让你从另一个视角找到你想要的人生答案，'心满意足'过此生。"

"遵命！"

11

遗愿清单：人总是要"死"的，重要的是怎么"活"

自从上次和白大仙聊过，嘉馨就总觉得心里有哪些地方不一样了。她开始觉得，也许这些"挫折"并非是老天整她，或许是老天为她准备的一份礼物。而且，她隐约感觉到，这份礼物非比寻常。

而她现在要做的，就是学会拆开它。

别的不说，仅仅是遇到白大仙，就已经让她获益良多；若不是上次心情不好，自己也不会有机会被黎想、张黎两人启发那么多；若不是出差途中遇到的两难境地，若不是那一个个离奇的梦境，她不会明白自己真正想要的是什么；更不会从每日奔波于KPI，变得关注人生活法。

她开始发现，虽然此刻的经济难题尚未解决，但自己的心——稳了。

周六的傍晚，一位亲戚来看望嘉馨的父亲，他是儿童医院的大夫。

11
遗愿清单：人总是要"死"的，重要的是怎么"活"

嘉馨这才得知，在父亲前期检查阶段，母亲是如何瞒着自己，如何一个人在陌生的城市、陌生的医院几度奔波，如何为父亲担忧，又如何不忍打扰自己工作。

嘉馨一边听，一边内疚为何没能早些发现，没能在那个时刻成为二老的顶梁柱。

"我爸的病，还有什么办法吗？"嘉馨害怕又哽咽地问。

亲戚看了看嘉馨，缓缓地说："其实你都知道……现在你能做的就是尽力照顾好你爸，身体慢慢恢复些，让他少遭些身体上的罪。"

一听到这里，嘉馨的眼泪更是止不住地喷涌而出。

"妞啊，我们做这行的，经常看到医院病房里有人离开。我们儿童医院，很多孩子还没长大就离开的也不是没有……妞儿，人的命有时候咱真是没法左右，还好现在医学一直在进步，还是能起到很大作用的。但你要有思想准备，有时候即便是尽了医学之力，可能也没什么办法。"

"那就真的……就真的……只能……等死了吗？"

最后的那几个字，嘉馨的声音小到不能再小，她真希望永远没有这几个字。

"妞，我说句话你别不爱听。人总是要死的，重要的是在还活着的时候，该咋活？咋提高生活的质量？

"还有，我看着你现在这状态可不太对，别你爸身体恢复了，你又倒下了……我觉得你和你妈都很坚强，其实你可以试着和你妈一起聊聊，你们都不忍心给对方增加负担，但是恰恰让自己更无力，还不如一起面对呢，你说呢？

"再说了,你爸这么大年龄了,他什么大风大浪没见过,你们也不用啥都瞒着他,他心里都清楚……"

送走亲戚后,嘉馨在医院的小公园里坐了一会儿,好让哭红的眼睛看起来正常一些。以前她只见到街角的公园里一到傍晚就有很多人遛狗、散步、锻炼,她从没想过,在医院的小公园里也是如此的热闹——除了,没有狗;除了,衣服近乎统一;除了,脸上的表情。

嘉馨这才明白,原来在生命的织锦里,不止有写字楼里的拼搏,不止有战场的厮杀,还有这里的搏命——博自己的命。

好在,嘉馨在他们脸上虽然看到了无助,但也看到了希望;更从搀扶着他们一起散步的家人的眼神里,看到了爱。

就像那位亲戚说的,既然人总是要死的,那就在还活着的时候,想想怎么活。那就试着在余下的日子里,活得心满意足些吧!

想到这里,嘉馨走向医院的食堂,打了三碗稀饭、三个馒头、三份菜。

晚饭后,安顿好父亲,嘉馨陪着母亲来到楼下的小公园。她对母亲一五一十地坦诚了自己这些年的工作经历,最近一段时间发生的事儿,还有刚才在小公园的所思所想。

"妈,我真的觉得特别对不起你们二老。不过,接下来的日子,我会好好弥补的。"

"妞啊,你已经做得很好了。我知道,你一个人在这儿打拼不容易。别老是给自己那么大压力。以前啊,街里街坊瞧不上我生了个闺女，他们哪里知道，我生的闺女可是个金凤凰！哼，比他们家那些傻儿子不知强了多少倍呢……"

看着母亲神气又傲娇的小表情，嘉馨扑哧一下笑了起来，笑着笑着，嗓子眼儿就哽咽了。她挽着母亲的胳膊挽得更紧了。

"玩笑归玩笑，妞啊，我并不在意你有多成功，也不想你跟任何人比。我就是心疼你……"说到这里，母亲停下了脚步，握住嘉馨的两只手，"我和你爸就希望你开心、平平安安的，赚多少钱、住多大房子，我们都不在意。我知道，你心疼俺俩，你不想让别人说女孩儿没有男孩儿有出息，你不想让我丢人，被人家数落。这些我都知道。

"过去再难不都过来了？以后的日子只会越来越好。我从小也没啥文化，你能考上大学已经比我强太多了，我也给不了你啥指导。

"你就记住：别人说什么只是别人的想法，不用理会。脚下的路啊，是咱自己的，咱想怎么走就怎么走。日子，都是越走越好的。"

嘉馨狠狠地点了点头。

"妈，我舍不得俺爸，我一想起来就难受。"

"谁也不想遇见这事儿，谁想遇见啊……"母亲的声音也有些颤抖。

"嗯。"

"妞，人都是要走的。总有一天，我也会离开你的。"

"妈——"嘉馨一下子抱住母亲，哭了起来。

"别怕，妞，别怕。"母亲吸了一下鼻子，哽咽地说。

这一晚，嘉馨明白了很多，似乎有一股力量在慢慢升起。

待二老睡去，她躲在病房的走廊里下单了五本书，关于如何照顾

你想活出怎样的人生
✦ 摆渡船上的人生哲学

癌症家人、关于术后食谱。

　　然后，悄悄地打开了那本《人生之书》，写下一句话：

　　人，总是要死的，重要的是怎么活。

第三部

打开你的『生命之灯』

打开未来的可能性，规划心满意足的人生

- ✦ 你如何面临悲痛——正念饮食、离开人世五种方式
- ✦ 如何打开你的"生命之灯"——三种方法
- ✦ 你的人生有什么可能——百种人生活法、三种人生状态
- ✦ 如何实现发光的人生——亮灯时刻、欣喜时刻、金钱迷魂阵、人生四观、金钱的三个本质
- ✦ 你的生命织锦长什么样——生命线、生命环
- ✦ 如何面对抨击、质疑——两个问题、三个思考
- ✦ 你有人生驾驶证吗——驾驶动力系统、努力的两个陷阱、限制性信念等

12

生命之灯：恐惧，来自对黑暗的想象和未知

这一次，嘉馨过了许久，才来白大仙这里。

一见面，白大仙就发现嘉馨整个人瘦了两圈，原本就不胖的身材，现在恨不得一阵风都能被吹跑。

白大仙手一指，空中出现了一行菜谱。

"选吧，至少选三份吃的、一份热饮。"

嘉馨静静地看着白大仙，心想我看起来像是那么能吃的吗。

"放开吃！我请。"

嘉馨嘴角抖了抖，迅速点了一份提拉米苏、一份牛角包、一份芒果派、一杯香芋奶茶，继续低下了头——因为此时此刻，她的眼泪正在不争气地往外涌。

"怎么了？"

"之前都是我爸妈唠叨我要多吃饭，还有前男友督促我吃东西，

你想活出怎样的人生
　◆　摆渡船上的人生哲学

我总是一忙起来就把吃饭这件事给忘了。有一年冬天我过生日时，他在餐厅等了我一晚上，等我赶到餐厅的时候，餐厅都关门了。我看见有一个位置布置了很多气球、很多花，餐厅服务员正在摘墙上的牌子，上面写着'嘉馨，生日快乐'……"

嘉馨说着说着就哭了起来。

"嘉馨女士，用餐快乐！"正哭着，那个可爱的机器人带着甜品和热饮"滑"了过来。

"真羡慕你，这么棒的美味我每天只能看着。白大仙，我为啥只能吃'电流'，你就不能把我升级一下吗？折磨人，哦不，是折磨机器人，机器人不是人嘛……"

听着一个圆滚滚的机器人一口气不带停地抱怨，嘉馨扑哧一下笑了出来，没想到它竟然不仅能说话，还这么能唠叨。

"那我送给你吃，好不？"嘉馨抹了抹眼泪，看着小机器人。

"嘉馨女士，谢谢你的好意，你笑起来真好看。算啦，我从不和美女抢饭吃。我等白大仙为我升级餐标。"

小机器人转身离开时，对着白大仙挤了挤眼。

白大仙从粉红色座椅上一跃而下。

"嘉馨，你先慢慢吃，我去给这小家伙'升级餐标'。"

没人看着自己，嘉馨吃得很惬意，这么多天来，似乎这是第一次全身心地进食。一口一口吃着牛角包，感受着芒果派香甜的味道，细细地品提拉米苏上咖啡色的可可粉，大口地享受丝滑浓郁的奶茶在口中旋转，慢慢地嚼Q弹的珍珠……

嘉馨忽然想起曾听说过的一个理念——正念进食。似乎是说，在吃东西的时候保持正念，全神贯注地进食，感受食物的颜色、触感、香气、咀嚼时的口感、味道、声音、吞咽时的感觉……细细嚼，慢慢咽。

嘉馨想着想着就慢慢闭上了眼睛，牛角包、芒果派、提拉米苏、奶茶，似乎每一个食物都"鲜活"了起来。好美味，嘉馨突然感觉有些兴奋，有种前所未有的满足感，好幸福啊。

"难道，这就是正念的感觉吗？怎么以前从没觉得吃东西也可以这么幸福？"

"感觉好些了吗？"白大仙回来了。

"嗯，好多了，谢……"

"诶！打住！你可别谢我，你刚才的样子，简直是'惨不忍睹'……我可不想晚上做梦被你吓醒……"

"您……"嘉馨心想，白大仙果然还是那个白大仙。

"不过看起来，你的面色是恢复了不少，红润多了。"说话间，白大仙已经坐回那个粉红色座椅，打开一个资料夹。

"开始吧！"

嘉馨拿起桌上的一张纸巾，擦了擦嘴，迅速把《人生之书》翻到遗愿清单一页，递了上去。

"我的作业。"

"嗯，遗愿清单：找到一份热爱的事业，时间自由、有意义、有价值、能养活自己；把老家的房子重新装修成爸妈喜欢的样子；每个月至少带父母外出一次，吃美食，看风景；为父母增加保险；出一本书，写给正在迷茫的人；每年至少读 50 本书（听也行）；学开车；买一架钢琴；种 100 盆花；养一只小狗……"

白大仙一字一句念着。

"听起来，这似乎与这个有很大不同啊。"

白大仙手一挥，屏幕里再次出现嘉馨终于升职加薪后激动地在房子里端着红酒杯的画面。

"是的，我还想提前办一场自己的'告别宴'。"

白大仙瞪大了眼睛。

"以后的日子，我想活自己，我的重心就是"活好"。就像您说的，要心满意足地活着，而不是为了不重要的人的一个看法、一个眼神。经历了这么多，我发现，会'生'会'活'，才是生活。"

"哦？说说看。"

"以前我觉得，谈什么生活？矫情！积极努力追求向上才是王道。后来，我越来越痛苦，积极努力没错，但不该丢掉生活，否则就会南辕北辙。

"很多人老说'活着'什么的，我以为'活'对应的就是'死'；现在我觉得不是的，'生'才对应着'死'。'生'是我们最基本的存在，出生、生长、生存、发展、生生不息的生命延续，还有生命力。

"但我们生存的如何？生命力如何？要看我们是怎么'活着'的。'活'是我们生命存在的状态，我该怎么存在？能不能活得有趣、活出意义、活得绽放。"

"有点哲学的味道了。"白大仙打趣道。

"我是说真的。以前，我从没体会过自己身在何处、要去何方，每天沉浸在忙碌、压力、焦虑、努力、自卑中，好像整颗心都空了一样。我一直望着头顶那些耀眼的光亮，忘了脚下，所以即便在别人眼中我还不错，但我一直都感觉到不踏实。

"刚才吃东西的时候，我突然就懂了！我感受到一种从未有过的'踏实'的感觉。我不知道这是不是所谓的正念的感觉。我突然觉得我和我自己在一起了，我能感受到'我在这'，我在吃着牛角包，我在嚼着芒果派，在舔着沾到嘴唇上的可可粉，在喝着奶茶，在嚼着奶茶里的珍珠。以前，我从未有过这样的感觉。

"我喜欢这样的踏踏实实的，'正在'生活着的感觉，我感觉到'我在'这里，也知道'我在做什么'。"

"活在当下。"白大仙说道。

"对对，就是这个意思。"

"感觉你对生与死有了很多的感悟。"

"是的，怪不得人家都说，医院是一个让人看尽人生百态的地方。刚好您让我写遗愿清单，我就在想，我会如何离开这个世界。在医院里的时候，我想到了五种离开人世的方式。"

"哪五种？"

"生病、意外、正常老去、冲突伤害、主动结束。我不知道未来我会以何种方式离开，但我能做的是，在那一刻真正来临的时候，我不后悔曾经来这世上一遭。"

"你害怕死亡吗？"

"以前是怕的，因为总觉得那个时刻是一件很恐怖的事情，会很痛苦。尤其是想到如果我还有很多事情没有做，心里会有很多的遗憾吧。再说了，如果我走了，父母该怎么办。"

"那现在呢？"

"现在……我不知道。但我知道，以后我不怕。"

"为什么是以后？"

"因为，我已经想好了，要过好现在的每一天，就是您说的'活在当下'。也趁父母都在，好好陪伴他们，再提前规划一些保障性措施。至少，无论'句号'何时来临、如何来临，我希望一是没有遗憾；二是为留下的人留有保障；三是如果还能留有一些价值就更好了。"

白大仙从粉红色椅子上一跃而下，对嘉馨竖起大拇指。

"很厉害嘛，嘉馨，果然是我选中的人。"

"您选中的？"

"这不重要。"白大仙摆了摆手，"重要的是你又迈了好大一步！认真地感悟过'死'，才能更好地看待'生'。"

"嗯。只是，我还不知道我之后能做什么，有点没有头绪。感觉四周都是黑漆漆的，虽然头顶有个月亮，但依然不知该往哪儿走。"

"是像这样的感觉吗？"白大仙点了一下嘉馨的眉心，嘉馨瞬间置身于虚无之境。

"是的，是的，这是哪里？白大仙，你在哪儿？"

"别怕，我一直都在。"

"快让我离开这儿。"

"你想去哪里?"

"我不知道,我想出去。"

"站在原地,向前走 10 步,向右转,就是出口。"

"我不敢……我会不会碰见什么东西,万一——"嘉馨脑海中开始出现各种千奇百怪的怪兽、黑影,越想越害怕,蜷缩着紧紧抱住了膝盖。

此时,只听一声响指,整个虚无之境亮了起来。好漂亮,云雾缭绕在紫霞中,刚才脑中闪过的恐怖的东西一个都不存在。

"现在还怕吗?"

"不怕了。看到出口了吗?知道怎么找到出口了吗?"

"嗯。"

"好,走吧。"又一声响指,虚无之境瞬间又恢复了黑暗。

"啊!"

"别怕,大胆地走。向前 10 步,向右转,就是出口。"虽然嘉馨的腿有些哆哆嗦嗦,每走一步都要摸索半天,但嘉馨心里的确没有第一次那么害怕了。

终于,出口到了。嘉馨又回到了白大仙的咨询室。

"喝点水吧。"白大仙递给嘉馨一杯温水,嘉馨咕咚咕咚一口气就喝完了。

"说说刚才的感受吧。"

"刚才是哪里?"

"虚无之境。"

"吓死我了。"

"哈哈哈，"白大仙看着嘉馨的样子没忍住笑了起来，"我以为你胆子很大呢。"

"您笑话我……"

"没有没有……你继续。"

"一开始的确是挺害怕的，还不知道要往哪儿去，和现实的确很像。不过……在我看到虚无之境的样子之后，就不那么害怕了。"

"没错，嘉馨，记住这个体验。人生中也要打开'生命之灯'。"

"打开'生命之灯'？"

"当我们打开了'生命之灯'，你就会看到更多、了解更多，就不会被自己的念头吓到。你看，刚才明明什么都没有，你不敢向前走，脑袋里是不是出现了很多让你恐惧的东西？"

"我……我想到了很多电影里的恐怖情节……"

"可事实上有吗？"

嘉馨摇了摇头。

"对，有一种恐惧来自'不知'：不知当下、不知未来。当我们失去掌控感的时候，就会担忧、会焦虑、会害怕出现我们应对不了的事情。可当我们打开了灯，一切了然于胸，我们就不再害怕。哪怕在某个时刻，灯又不亮了，我们也知道这里都有什么，该如何去往目的地。"

"我懂了，这个关键就在于开灯后，对眼前的一切了然于胸。"

"没错，咱们再举个例子。你刚才说你不知道未来做什么，感到担忧和茫然。假设你的答案就藏在我的地下室的一个老榆木箱子里，你会去找吗？"

"肯定会啊。"

"我的地下室的灯泡坏了。"

"那……是不是很黑……我有点怕黑……"

"不黑，还是有一些微弱的光的。"

"那我也有点害怕。"

"其实，灯泡没有坏。你可以打开灯去找，这样不怕了吧？"

"那的确好多了。"

"没错。你会看见储藏室里所有的东西，而且，你可能会发现，曾经在弱光下你以为的东西，在开灯后，竟然和你想象的完全不一样。你可能还会发现，原来，这根本不是一个小小的储藏室，而是一个大大的仓库，里面放着好多珍贵的东西，甚至旁边还有密道。"

"白大仙，你的储藏室这么神秘吗？"

"感觉你很想去一探究竟啊，这会儿一点不怕了？"

"哈哈，不怕。"

"好，现在，我们把大灯关上的话，如果问你仓库里有什么，你知道吗？"

"知道啊，看过了嘛。"

"走什么道能过去，怎么取用里面的物品，你知道吗？"

"知道。"

"为什么？"

"因为，我已经看到了全貌呀。"

* * * * * * *

"没错,你的'头脑CPU'已经更新了你的信息存储数据。所以,即便依然是昏暗的弱光,你心中却是一种'澄明'的状态,了然一切。"

"更新头脑CPU。"嘉馨默默地复述着。

"是的。想想看,人生中的每一天相较于前一天来说都是崭新的,也意味着是陌生的。但为什么有时候人们不会担忧、焦虑,有时候会呢?"

嘉馨想了一会儿,说:"我想起我刚进公司实习的时候最开心了,每天负责整理公司的档案资料,没有一点担忧与焦虑,因为我知道每天都做什么,也能很好地完成。但现在之所以迷茫和焦虑,是因为我不知道未来我能做什么、能不能做好、能不能满足我想要的。"

"没错,这就是打开'生命之灯'的另一个核心。要做到了然于胸。"

"另一个核心?那别的核心是?"

"就是你已经学会的两种方法,还记得找到你真正想要的两种方法和'三看三问'吗?"

"啊!记得。夺命连环追问法、没心没肺追问法,还有看过去、看现在、看未来。对哦,我已经知道我未来想要怎样的生活了。这就是开灯了对不对?"

"没错。咱们之前开的是你生命中的启明灯,就像月亮照亮黑夜。今天咱们来打开路灯,照亮你前行的路。"

"这个太好了,我正需要。"嘉馨赶紧打开本子记录。

"这个方法叫作'看见更多的可能,更新你头脑CPU的数据库',

这就像你对储藏室了然于胸。"

"我懂了,如果一个问题我不知道答案,很有可能是我的数据库的数据不足。如果我能知道我的未来都有哪些可能、别人都是怎么做的、别人的生命都有哪些可能,我有了足够的参考,也许,我就能获得启发,找到我自己的答案了。"

"聪明!所以,这一次回去,你的作业就是——"

"找人聊天。"嘉馨抢答道。

"去看看生命的百种可能。找人聊天只是一种方式,除此以外,通过观察、上网查找、看书,都是不错的方法。你的遗愿清单里不是也有一个心愿是写一本书吗?就趁这个机会,看看那些作家是如何走上这条路的吧。"

"好。"嘉馨兴奋地接下了这个任务。

"这本书拿去看看,书里介绍了赋能型职业方向的百种可能,也许对你有用。"

"《跨界成长:如何在迷茫时做出最优选择》,哇!也太适合我了,谢谢大仙!"

13

路灯亮了：活出自我的人，都有一个"亮灯时刻"

回到家，嘉馨就立刻列了一张名单。名单里有黎想、张黎这样活得恣意闪亮、令她羡慕的身边人；有她特别喜欢的一些作家；有她特别佩服的合作伙伴；有她参加活动时偶然遇到的浑身都在发光的人；还有一些许久未曾联络的老朋友。

随后，她又列了两张问题清单，一张是自己最终想获得的答案，例如：

- 都有哪些活法？
- 在这样的活法中，他们在从事怎样的事业？
- 经济收入情况如何？稳定吗？
- 在这样的活法中，他们是如何度过每一天，或者说是如何和谐安排时间的？
- 他们是如何走上这条路的？
- 他们有没有经历过什么特别的时刻？
- 有什么特别的感悟和提醒吗？

……

还有一张是针对具体某位朋友想问的问题，包括自己好奇和具体的落地方法。

- 年入百万的自由职业者：
    - 一个人能忙得过来吗？
    - 收入稳定吗？
    - 会焦虑吗？
    - 要注册公司吗？
    - 财富是如何管理和分配的？
    - 多张银行卡是如何轻松管理和使用的，有没有做什么功能上的区分？

- 靠利息养活自己的朋友：
    - 最开始是怎么从零积累到 10 万的？
    - 之后又是如何一步步拥有了现在的千万收入的？
    - 投资和理财是怎么做的？
    - 有没有什么心得和经验？

你想活出怎样的人生
摆渡船上的人生哲学

- 作家朋友：
  - 是在什么契机下决定要写第一本书？
  - 第一本书是怎么出版出来的？
  - 出版的流程是怎样的？
  - 如果自己想写书，需要提前准备什么？
  - 出书需要什么样的条件？
  - 书出版之后，他的生活是否有了什么变化？
  - 现在的事业和生活是怎样的？

- 许久未见的老朋友：
  - 他们现在过得怎样？
  - 有没有特别令人羡慕的一些活法？
  - 对自己的印象是怎样的？
  - 以他们对自己的认识，觉得自己适合做什么，或者对自己有什么期待？

- 有阅历的朋友：
  - 他们有怎样的故事？
  - 有见过哪些特别棒的活法吗？
  - 对自己有没有什么建议？
  - ……

整整一周，嘉馨都特别忙碌，电话一聊就是两个小时，她甚至鼓起勇气约见了三位自己喜欢许久的作家和出版人,虽是初相识,幸运的是他们竟然都赴约了——这大概就是'当你决心去做一件事,全世界都会为你开路'这句话的真实写照吧。

而且,像财富、银行卡这些十分敏感的信息,她一开始还担心会不会遭到拒绝,没想到朋友们也都特别真诚地提供了指导。

这一次,再见到白大仙时,嘉馨简直兴奋得像个机关枪,对着白大仙一顿输出,一股脑地把这一周来的发现讲个不停。

"我见到一位作家,她才20多岁,就已经出版了五本书,而且她手里还签约了三本,那要是写完就是八本。重要的是,您知道吗?她不是全职作家,她平常在一家公司上班,仅仅只用业余时间写作……这太不可思议了。

"我还见到一个曾经工作中认识的朋友,她现在去了一家互联网公司,老板给她开了100万年薪,还有项目业绩分红。天啊,她现在比她原单位的同事赚得多了好几倍。只是她每天都很忙碌,几乎没有周末,总是一个城市一个城市地出差。她说,有时候一早上起来,都不知道自己是在哪座城市。有点像电视剧里的情节,感觉很辛苦。

"我还和一个自由职业的朋友聊,我才知道原来一个人可以做那么多事,写课件、讲课、服务学员、做咨询,全都由她自己完成,慢慢做大了,就请了助理,有了团队。她把每天的日程都安排得好好的,每年都带家人旅行两个月。感觉这样的生活也好幸福啊。

"她还跟我说了她有四张银行卡,一张只负责家里的日常开销;一张负责做理财投资;一张是负责进账,所有的收入都进到这张卡里；还有一张是给父母花的，她会定期往里存钱，确保父母有钱花。真的是太有智慧了。

"对了，我还见了一个投资人，他早年做生意赚了很多钱，开始了买买买，不过他买的不是衣服，而是别墅、写字楼、豪车！他说直到有一次投资失败，就把家底赔光了还倒欠几千万，那是他最低谷的时候。好在他很坚强，朋友们也很支持他，又打拼赚了回来。现在，他找到了自己的使命——天使投资人，最近这些年，一直在帮那些有梦想、能吃苦、又踏踏实实的创业者。他投资的很多人都发展得很好，他们还会经常聚会一起讨论国学。他的人生真的很跌宕起伏，让我真的很震撼。"

突然，空气变得安静。

白大仙也抬起了头，静静地等待着什么。

"原来，这个世界并不是我曾经以为的那样，我并不是'无路可走'。您说得对，每个人的人生都藏着太多可能了，只是我们没有发现、没有打开灯而已。"

白大仙微笑着点了点头。

"这次和大家交谈，我发现了一个现象：他们中的很多人，似乎都出现过一个'亮灯时刻'。"

"'亮灯时刻'？"

"对，就是他们会在某个时刻突然顿悟，明白某个道理；突然醒悟，改变曾经的路；或者突然有个想法、有个信念、有个触动，就走到了某条路上。就是那么'一下'，我觉得这是很神奇的事。不过，我觉得我自己也遇到了这样的时刻，我的'亮灯时刻'就是遇到了您。"

突如其来的表白，白大仙脸一红，差点从椅子上掉下来。

"而且，在和他们聊天中，我能感受到一种能量。"

"什么能量？"

"就是一种热情、一种生命力、一种向往、一种……发光的感觉，对！就是发光，他们仿佛在发光。他们在谈到现在的事业和生活时，那种活力简直要溢出来，我坐在他们身边，和他们对话，感觉就像是在无线充电，他们简直就是一个太阳能。这种感觉太美妙了！他们的眼神和语气不会骗人。所以我在想，这些共性一定不是偶然，也许正是某个答案。"

"什么答案？"白大仙追问道。

"我在想，也许这就是您让我寻找百种人生可能的另一重意义吧。人生活法也许有千百种，每个人的活法都不同。但想要活得心满意足，就得活出自己的人生，是自己的，不是别人的，是在我们的人生中包含那些重要的人，但不是只有别人没有自己。这样的人生，是有热情的、有生命力的、绽放的、发光的、美好的、有吸引力的，更是能量充足的。我在想，我感受到的能量，也许就是因为他们的内心是丰盛的、有爱的，不然这股能量是不会溢出来被我感受到的。

"这也是我向往的人生状态，所以我在想，他们是怎么实现的呢？

"我发现，他们找到了自己的热爱，他们在做自己热爱的事，他们的每天都在尽可能地拉大'欣喜时刻'的比例。哪怕也会发生不开心的事、去做不得不做的事，但他们都会尽可能地多做一些自己喜欢的事，见喜欢的人，说喜欢的话。哪怕不是一整天都这样，但只要每天都有这样的'欣喜时刻'，这一天就是美好的。而且，他们一直在尽可能地让这个'欣喜时刻'越来越多。

"这真的是太有收获了，我从没想过我要做的，只是在每天都增加一个'欣喜时刻'，而且要逐步拉大'欣喜时刻'在我人生中的比例。如此一来，我的人生不就越来越快乐、越来越心满意足了吗？"

白大仙满意地点了点头。

"我们聊到金钱的时候，我还洞悉到一件事。他们似乎对金钱有着自己的看法。"

"哦？"

"有很多人就是觉得金钱在生命中占据最重要的位置，为了金钱可以做任何事，可以放弃任何事……我曾经也陷入了'金钱迷魂阵'。但和他们聊天我突然就明白了上次黎想问我的'工作对你而言，究竟意味着什么'这个问题，不仅仅是工作，还有金钱、人生，对我们而言，究竟意味着什么？我能感受到他们的答案和许多人都不太一样。"

"人生四观。"白大仙自言自语道。

"人生四观？"嘉馨好奇地问。

"人生四观就是人生观、工作观、金钱观、生活观，也就是你如何定义你的人生，或者说，如何重新定义你的人生。"

"就是这个！在他们的人生中，金钱不是唯一目标，而是在做其他事时自然而然来到身边的，而且源源不断。这是非常震撼我的一个观点。"

"说说看？"

"我和他们探讨了一个问题。不追逐金钱，反而金钱源源不断；我这么努力渴望升职加薪，却反而越来越糟。这到底是什么原因？现在我终于明白了，原来核心是在于对金钱本质的理解。我从中领悟到了看待金钱本质的三个角度。

一是从获取的角度，金钱的本质是价值的交换。所以，不是去看自己如何能赚更多钱，而是要反过来想，我能为别人带来怎样的价值？"

"思维的转换。"

"对。赚钱是从'我如何获得'的角度出发，提供价值是从'我如何能给予更多'的角度出发。当一个人能提供给别人特别需要的价值，别人就会以金钱的方式来回馈他。就像如果我能为公司带来更多的价值，升职加薪自然就会降临到我头上。"

"是的。"

"二是从用途的角度，金钱的本质是帮助我们实现心愿的工具，而非目的。就像对有的人来说，金钱意味着生存，意味着安全感，意味着底气、自我认可，意味着地位、成功，意味着价值，意味着选择的自由……金钱对于每个人来说的意义可能并不相同，但有一点，赚钱只是一个'中转站'，而不是目的地。毕竟……"

嘉馨停顿了一下。

"毕竟什么？"

"毕竟……人离开这个世界的时候，是什么都带不走的。唯一能带走的是在'追逐'和'享有'金钱的时候所体验到的一切。不过，如果喝了孟婆汤，这个体验估计也会清零吧。"

"这个问题，在不同学科界是有不同说法的。不过，你如果感兴趣，可以去了解一下细胞记忆。第三个是什么角度？"

"嗯，三是从关系的角度，金钱的本质其实是一种爱的流动、爱的表达。别人帮助了我们，我们除了口头感谢外，还可以用金钱的方式表达感谢。别人卖东西给我们，我们支付金钱，这个过程中，一方面对卖家来说，是他们通过提供价值在完成价值交换；另一方面对买家来说，也是在感恩对方提供的物品或服务。还有我们给孩子、给老人钱花、给山区捐钱，并不需要对方为我们做什么，这更是一种爱的表达。金钱在人与人之间的流动，恰恰是一种能量的传递和流动。"

"非常好，嘉馨，你对金钱的理解很透彻。"

"多亏了您让我列下清单和他们交流。原来和优秀的人交流是如此的酣畅淋漓。而且，优秀的人之所以优秀，真的是有原因的。"

"这话不假。"

"我在想，您刚提到的人生四观，也许就是其中一个很重要的关键。"

"什么的关键？"

"他们之所以能活得如此闪耀、如此畅快、如此心满意足的关键。不只是金钱观，他们对待人生的很多看法都不一样。和他们聊天，总有一种大海很宽阔，可以肆意遨游的感觉；这和我之前与一些人聊天感受到的那种禁锢感完全不同。他们的活法，就像……怎么说呢？如果用什么来比喻的话……"嘉馨的眼睛开始四处张望。

路灯亮了：活出自我的人，都有一个"亮灯时刻"

"对，他们活得像那只飞鱼，在大海上，在阳光下，振翅飞翔。"嘉馨指着白大仙墙面的一幅画说道。

"可有些人就不那么幸运了，他们活得像它们。"嘉馨指着角落里的一箱大闸蟹说道。"可是，它们原来不是被捆住手脚的大闸蟹，它们是可以横行的螃蟹。我觉得，我好像也有点像他们。"

"你可不像它们，它们的味道可是很美的。"白大仙故意打趣。

嘉馨明白，白大仙这是在安慰自己，于是振作起来继续说。

"还有些人的人生就像八爪鱼一样，从早忙到晚。我有一个朋友，她是位妈妈，她从早晨一睁眼就没有停下来过。给孩子穿衣、洗漱、做饭、扎辫子、送孩子上学，有时间就快速扒拉几口饭，有时候根本顾不上吃饭。然后，就是公司里忙忙碌碌的一天，下班后，赶紧去接孩子，回家买菜做饭、辅导作业、打扫卫生、哄孩子睡觉。一切都忙完了，已经深夜了。自己再看会儿书、听听课，或者累了休息一会儿，就睡觉了。这一天就像打仗似的，真是恨不得长八只手。"

"飞鱼人生、大闸蟹人生、八爪鱼人生，很妙的比喻。"白大仙手一挥，空中出现了这三种动物的样子。

嘉馨盯着它们出了神。

白大仙静静地看着嘉馨，继续等待着什么。他能感觉得到，嘉馨已经不是第一次见面时的嘉馨了。

"在想什么？"

"我在想，我要从这样变成这样。"嘉馨的手从大闸蟹人生滑向飞鱼人生，"如果想活成什么样，能自己选择就好了。"

123

你想活出怎样的人生
摆渡船上的人生哲学

"那你觉得可不可以呢？"白大仙没有直接回答，只是窃喜地望着嘉馨。

"应该可以。子灏师兄说过，我们的人生其实是自己选择的结果。"

"没错。上一次，你说你要活自己时，你就已经不是曾经的你了。这一次，你知道了你要活哪个版本的自己，你已经更进一步了！因为你拥有了你的人生遥控器。"

"我的……人生遥控器？"嘉馨突然有些兴奋。

"没错，你的人生遥控器。也许过去，你把你的人生遥控器放在了别人的手中，或者没有按照你自己的意愿来按键，但此刻起，拿好你自己的人生遥控器，按你自己的意愿选择你的人生按键。"白大仙手一指，嘉馨的手中就多了一只漂亮的遥控器，遥控器的最上方有一行闪烁的小字：嘉馨专属。

嘉馨两眼放光，握着这只遥控器激动了许久，突然有些失落。

"可……如果有些是我们无法选择的，该怎么办？我们的经历、我们的家世、父母的身体、我们遇见了谁、又被谁……抛弃……"嘉馨的声音越来越小。

"没错，你的开局无法选择，过程可能也无法选择，但你还有一个非常强大的选择功能，低头看看你的人生遥控器上有一个橙色的按钮，看看叫什么？"

"面对。"

"没错，即便外界和客观的发生你无法选择，但你依然可以选择如何面对他们。如何看待这些发生？你愿意是否或者如何被影响？你决定如何采取下一步？只要弄明白这一点，你的人生就被你悄悄地改——写——了！"最后三个字，白大仙故意拉长着声音，说得神秘兮兮的。

"当然，还有一个秘密，你的开局其实也是你自己选的，只是你忘记了而已。"白大仙朝嘉馨挤了一下眼，转身跳回到那张粉红色座椅上。

嘉馨呆呆地望着白大仙。

"想不想看看你的人生织锦长什么样？"白大仙突然神秘地问道。

嘉馨先是一愣，随即使劲地点头。

白大仙手一挥，空中出现了一张像网一样的无边无际的画面。然后其中一条主线慢慢放大开来，沿着这条主线，有无数条线、无数张网与它相交。

嘉馨想起来上次白大仙讲过，我们的人生就像一张巨大的生命织锦，我们遇见的每个人也有他们的人生轨迹，有他们自己的生命织锦。我们的相遇，就像一张张巨大的生命织锦的相遇。我们会遇见很多的人，也会走进很多人的生命中。

此时此刻，这个画面如此直观地出现在眼前，简直是震撼！

"看到这条主线了吗？"白大仙点了其中一条线。

"嗯，这是我的人生轨迹吗？"

"你可以把它理解为自己的核心轨迹。也有人叫它'生命线'。"白大仙把这条线放大单独呈现在画面上后，嘉馨看到了自己从小到大的无数个回忆，"这条线记录着你人生中所有对你产生过重要影响的事件。"

"哇……"嘉馨张大嘴巴，沉浸在自己的前半生的生命线中。

"这只是你的前半生。"

"那后半生呢？"

白大仙白了嘉馨一眼，"你说呢？"

"哦，还没走完。"嘉馨打趣道。

"这条线不是预告线，是完成线。"白大仙意味深长地望着嘉馨，嘉馨刚还沉浸在打趣中，此刻，从白大仙的眼神里，似乎突然意识到了什么。

"这条线不是预告线，是完成线。"白大仙又重复了一次。

"不是预告线，是完成线。"嘉馨边重复，边猜想这里面的信息。

过了许久，嘉馨突然跳了起来。

"啊！我知道了！它是完成线，是我们在走的人生轨迹；不是预告线，就是不能预知未来，但它是我们自己走出来的。也就是说，我们怎么走，这条线就是什么样子。而我们怎么走，我们自己说了算，只要我们把自己的人生遥控器握在自己手里。这样一来，我们想走出一个怎样的人生轨迹，那我们就怎么去做，这样做了，这条线就按照我们的心意向前延展了，这……这不就是心想事成吗？"

白大仙向嘉馨伸了一个大拇指。

"很好，下课，下次见。"白大仙飞给嘉馨一张字条。

嘉馨打开纸条："画一张你的生命线记录图，尽可能寻找你过往生命中的隐藏信息，如果有难度，可以参考上次送你的书……"

"这个作业有意思。保证完成！"

14

车灯亮了：画出"生命环"的一刻，
生命火花已被悄悄点燃

一到家，嘉馨就从抽屉里找来一大张纸，拿出了三支笔，一支铅笔、一支黑色笔、一支红色笔。走到卧室的窗边，打开小台灯，把工具放在小桌上，坐在软软的地垫上，心里无比踏实。嘉馨很喜欢卧室的这个角落，虽然不大，抬头就能看见月亮，虽然城市里的星星不多，但她总是相信，无论是否阴天，月光一直都在。

嘉馨回想了一遍白大仙教她的方法，打开白大仙送她的《跨界成长》，回顾了一遍书里的生命线记录图，合上书，深吸一口气。

> **TIPS：**
> **生命线记录图的绘制方法**[①]
>
> （1）画出横轴和纵轴，横轴代表时间，纵轴代表影响

---
① 具体绘制和分析方法，参见《跨界成长》。

程度。

（2）然后，回想一下过往生活中对你产生正向和负向影响的事件，按照时间顺序和影响程度在坐标轴上用圆点标示出来，在旁边附上简单的说明。

（3）从图中最左边开始记录，一直向右延伸到当前状态，用一条线把所有圆点连接起来。

注意：

（1）在回忆上述事件时，时间尽可能久远一些。

（2）在横轴上方标记对你有正向影响的事件，在横轴下方标记给你带来了负向影响的事件。请以你自己的感受为准，即便有些事情在他人看来是负向影响，但只要你认为是正向的即可，如分手、辞职，未必都画在横轴下方。

（3）事件的类型范围不限，只要是给你带来了强烈的感受和情绪的事件即可，可以包括工作、社交、情感、爱好、学习经历、健康情况、成长的骄傲或挫折、精神追求、城市转换、结婚生子、某件特别的事情等。

"好，开始吧。"

嘉馨先在纸上轻轻画了一条从左向右的直线，代表着时间从过去到现在，还有未来。

然后一边回忆一边画圆点、写备注，代表着在那个时刻发生了一件为她带来影响的事情。这些圆点高低错落的分布在直线的上下两个区域。最后，她将它们连接了起来。

嘉馨深呼一口气，这就是她的前半生。

嘉馨的目光随着这条曲线一遍一遍地移动着，但想到这条曲线之后又将如何延伸时，心里依然充满了忐忑。

"没错，它是完成线，不是预告线，我想走出一个怎样的人生轨迹，那就怎么去做，这条线就会怎么延展。"

尽管嘉馨已经一步步地知道，她想要活出自己，想要心满意足的人生，想要飞鱼人生的版本。也知道，要把人生遥控器握在自己手里，增加每日欣喜时刻的比例。可她还是满肚子疑问，心满意足的人生究竟是怎样的呢？又该如何活出这样的版本呢？可此刻她又茫然了。

"来啦！"

"嗯。"带着一肚子的疑问，嘉馨再次来到了白大仙这里。

"最近来得勤了些哦。"

"我想快点找到答案。"

"这是好兆头。"

"什么兆头？"

"心想事成的兆头，"白大仙说，"强烈的渴望和积极有效的行动，是心想事成的关键。还记得咱们说过，你一定要知道自己真正想要的是什么吗？"

"记得。"

"这就是心想事成的秘密之一：永远知道你真正想要的是什么。"嘉馨瞪大了眼睛。"如果一个人连自己想要什么都不清晰，如何心想事成呢？心想事成，是有'心想'才能事成。"

"对！我现在就是卡在了这里。这段时间，我一步步知道了我想要'活出自己'，想要'心满意足的人生'，想要'飞鱼人生'的版本，可是，那到底是一个怎样的画面？上次访谈的时候，我看到这个世界上有那么多人都活得很好，他们的人生都称得上是'飞鱼人生'，我很羡慕，但每个人的版本又不一样，哪种版本是属于我的'飞鱼人生'的版本？我脑袋很乱。"

"知道了想要什么样子，但不知道具体是什么样子。"

"对对。"

"我懂你的感受。只是很抱歉，这个答案我给不了你。因为，你想要的人生是什么样的，答案只能来源于你自己。"白大仙停顿了一下，接着说，"但我可以给你一个工具，也许对你会有所启发。"

说完，白大仙在空中画了三个圈。

"这是你的生命环。最外面这一层，是'生活层'；中间这一层，是'事业层'；最里面这一层，是'梦想层'。

"想想看，在你最期待的人生版本中，你的生活会是怎样的？你会怎么去开展你的爱好、会如何休闲、如何和你的朋友联络、如何守护你的健康、如何保持个人的成长、如何陪伴你的父母、如何陪伴你的小家……任何你想实现的生活都可以写进来。

"在事业层中，你特别想做的事情是哪些？你的财富计划如何？在梦想层中，有没有特别想实现的梦想，梦想不分大小，只要是你一

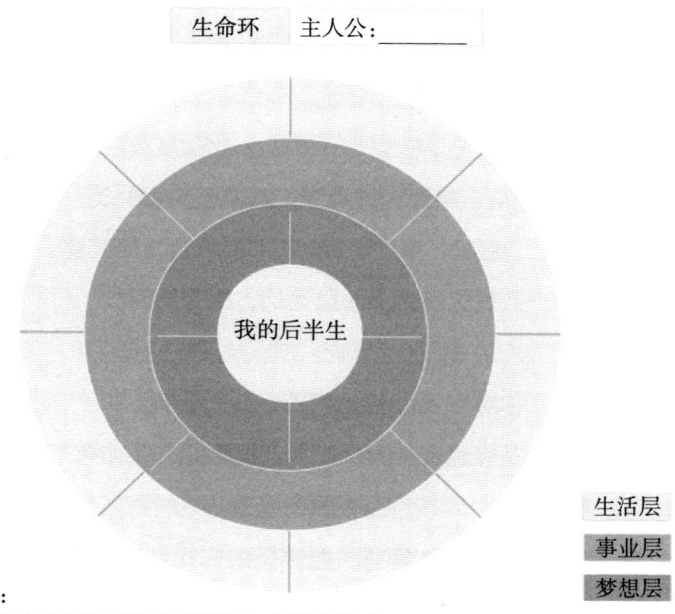

14
车灯亮了：画出"生命环"的一刻，生命火花已被悄悄点燃

生命环　主人公：_____

我的后半生

生活层
事业层
梦想层

使用说明：
· 每一层的分区和格子数量可根据个人情况增减；
· 每一个格子内的内容和方向可根据自己对未来的期待调整；

直向往的就好。"

"我明白了！这样就具象化了。"

"这是打开生命之灯的第四种方法：画出你的生命环。咱们前面打开过生命的'启明灯'（追问法和三看三问），就像月光照亮黑夜；打开过前行的'路灯'（探索了人生的百种可能），照亮你前行的路；今天我们打开的是'车灯'，指引你脚下的路。"

"打开了这么多灯，想不亮堂都不可能了！哈哈哈！"嘉馨仰着脖子盯着这三个圈，兴奋地说。

"你今天回去就好好画画你的生命环,也许你的答案就找到了。"

"我可以现在就画吗?我已经能感觉到,答案离我越来越近了。而且,有您在,我安心。"

"桌子上有纸和笔。"

白大仙示意道,随即背过身去,露出了满意的笑。

过了许久,嘉馨伸了个懒腰,露出心满意足的笑容。

"画完了?"粉红座椅上的白大仙,抬起头问。

"嗯。"

"看样子,你对未来很满意哦。"

"是呀,光是想想这样的日子就已经觉得心跳加速了。"

"说说看。"

"我要养花,养100盆花,把家里的窗台都养上花;我要每天睡到自然醒,醒来伸个懒腰,看看我窗台的花,浇浇水、施施肥;我还要让家里有一个书墙,我要把我喜欢的书都摆上,我要慢慢添加到1000本,做成一个家庭图书馆;我要用心珍惜几个知心朋友;还要练习八段锦,强身健体;等我父亲出院了,我就好好陪伴他们,每周带他们体验一点新鲜的东西,我想把这个时刻称为'心流陪伴日'。"

白大仙静静地看着嘉馨兴高采烈的介绍,仿佛此画面已然出现在她的生命里。

"事业呢,我要从事一个有意义的事业,我不想再耗费我的青春了,我要干一番有意义、能养活我、时间相对自由、又受尊重的事业。具体的我还没想好,但我感觉似乎这个答案正在向我靠近。我的第一个财富小目标是,债务清零,然后逐步赚到100万元。把这部分钱做一个规划，一部分用来理财，一部分用来日常开支，一部分给父母花。

"梦想呢，我想过了，古人是写诗千古流传，我就写本书吧。而且，我希望我能成为一个能解开别人心结，照亮别人生命的那个人。哪怕我老了，也会有人敲开我的房门，问我'嘉馨奶奶，我能和你聊聊嘛'，哈哈哈，想想就好有意义，好温暖的人生啊。"

嘉馨大概自己都没有留意到，她在讲这番话的时候，满脸的幸福和憧憬，浑身在发着光，就像她羡慕的那些朋友一样。

白大仙欣慰地点了点头，眼睛里闪烁着泪花。他快速眨了眨眼睛，停顿了一下，说道：

"嘉馨，你刚才说这番话的样子，就在发光，你感受到了吗？"

嘉馨愣住了。

"是吗？"

白大仙点了点头。

"记住这个感觉。"

"真想看看我刚才发光的样子。"嘉馨耸了耸肩。

白大仙手一挥，一束光进入到嘉馨的口袋。

"我把刚才的影像传输到了你的遥控器中了，你可以随时查看。记住这个状态，记住这个感觉。"

"这太不可思议了，太好了！"嘉馨几乎激动地要跳起来。

"我们现在探讨另一个话题。"白大仙一跃而下，走向嘉馨。

"你刚才聊到你不知道你的人生版本具体是什么画面时，提到了一句话。你说，你看到很多人活出的人生版本都让你很羡慕。"

"是的。听他们聊天就感觉他们浑身在发光，我也好想活成这样的状态。"

"那你有问他们，在他们不发光的时刻是怎样的吗？那时候他们在做什么？"

"不发光的时刻？"

"是的，每个人都会遇到不开心的事，也会有灰暗的时刻。"白大仙望着桌上那盆花的影子说道，"太阳会落山，海水会退潮，彩虹会消失，花朵会枯萎……"

"这个，我没有问……不过听他们的经历，我觉得他们在遇到这样的灰暗时刻时，都勇敢地挺过来了。甚至有些人正是因为这样的时刻，找到了人生的使命，走上了另一种道路。"

"没错！你看到的是光亮的部分，所以你才会一时被那些耀眼的光芒迷住。幸好，你还没有因此否定自己。"

"其实……"嘉馨想说，除了向往和羡慕之外，她心里也偷偷地怀疑过自己。

"没关系，这都是正常的。没有因此打击自己、忘记初衷、停止前行就很好。"白大仙似乎看穿了嘉馨的欲言又止。

白大仙正准备继续说下去。

"大仙！"嘉馨突然大喊一声，白大仙吓了一个激灵。

"不好意思，不好意思，我只是……"

"想到什么了？说吧。"白大仙故作夸张地转身坐回椅子，紧紧地抓住两侧的粉红色扶手。

"我想，我知道我要做什么了！如果我做那片阴影下的一束光呢？如果我能温暖他们在光亮背后的灰暗时刻呢？也许就像您很早之前说的，我们每个人都有一个渴望别人看到的自己、一个渴望成为的自己，还有一个是真实感受到的自己。大家都希望把最好的一面展示给别人，那他们的迷茫、他们的无助怎么办呢？如果我来照亮他们，就像他们照亮我这样，怎么样？"嘉馨边踱步边说。

"而且，我相信每个人身上都有光，如果我也能激活他们身上的光，就像您激活我一样……这怎么样？

"这样一来，我不仅可以帮助那些像我一样遇到迷茫的人，还能帮助那些一直在发光的人，照亮他们不忍心展示给别人的灰暗时刻。而他们不仅会感到温暖，他们的光亮又能照亮更多人，那我就相当于帮助了更多人啊。大仙，你觉得怎么样？"

嘉馨突然停下脚步，眼睛越发明亮起来。

15

启明灯亮了：我的 PFE 就是成为"人生摆渡人"

白大仙笑了笑，说："等你游玩回来，就有答案了。"

"游玩？去哪儿？"

"你马上就知道了。回去后可以再完善一下你的生命环，留意你的 PFE。"

"好。"

从白大仙那回来，嘉馨一直都处在微兴奋的状态。

"妞，你这小脸儿终于有点血色了。"嘉馨母亲摸着她的脸说。

"是嘛。"

"前阵子，看着你我真是有点担心，你工作上的事儿我也不懂，也不知道怎么劝你。"

"没事，妈，我觉得我快想明白了。"

"嗯，能自己想明白最好。不管你想做什么，都不用怕，人这一辈子啊，怎么活都是一辈子，别委屈了自己。如果以前那个工作真的让你压力太大、不开心，换了也没啥。干啥都是干，不如干点儿喜欢的。你说你要是再累倒了……"

"没事，妈，为了你俩我也不能累倒啊，别担心。"

这时，嘉馨的电话响了。

"嘉馨，周末有空吗？咱们去看张黎吧？"电话那头，是黎想。

"去她家吗？"

"她回她姥姥家了，她姥姥家在西塘，邀请咱们去住两天呢。"

"我得在医院陪床，可能去不了……"

话音刚落，嘉馨母亲就推了推她胳膊："去吧，别天天泡在医院，你爸这边我看着，你出去放松一下，去吧！"

"说话的是阿姨吗？"黎想问。

"嗯，是我妈。"

"那这样，我下午开车去医院接你，刚好去看望一下叔叔阿姨。然后咱们去西塘。住一晚上，明天下午就赶回来。你看怎么样？"

"我先商量一下，一会儿回你。"

"去吧，去放松一下。"看到嘉馨挂断电话依然有些犹豫，母亲催促道。

"朋友说要住一晚上，明天下午才回来。我怕你晚上照顾不了。"

"这有啥，这不有护士在呢。再说了，你爸只要输完液，晚上也

你想活出怎样的人生
✦ 摆渡船上的人生哲学

不会有太多事儿。去吧，好好玩一下，说不定有些事儿就想开了呢。"

下午，黎想带着几箱营养品，来到了病房。

"阿姨，这些是给您的，您照顾叔叔很辛苦，也得照顾好自己的身体啊。这些是给叔叔的，我问过说是适合术后的，不过保险起见，大夫查房时，您再让大夫给看看。万一不合适，让嘉馨跟我说，我给叔叔换别的。"

"哎呀，谢谢姑娘，让你破费了。"

"不破费，阿姨，身体健康最重要了。叔叔一定会早日康复的。"

一阵寒暄过后，嘉馨和黎想就踏上了古镇之行。

张黎姥姥家的小院，真是舒服，屋后打开窗户就是一条河。嘉馨做梦都想在这样的院子里养老。

晚饭后，张黎带着她们一起在街上溜达。看着来度假的人脸上挂满了幸福、轻松、喜悦，嘉馨的心里不由得开始想，这些人在来这里之前，是怎样的呢？她们来这里也是来寻找什么的吗？

想着想着，三人就来到了一座小桥边上。

"走，去桥上待会儿。我小时候可喜欢来这儿玩儿了。"张黎指着那座小桥说。

此刻的场景真的太迷人了，桥下是小桥流水，一弯明月正好映入河面，远处一位船夫划着小船正迎面而来，不远处几个小朋友正在河边的石墩处玩水。

而桥上，三位漂亮的女士，长裙飘飘，整齐地倚在石栏杆上，望着夜空下的这一切。她们三人的背景，吸引了所有过路人的目光。

忽然，三人中的一个背景猛地直起身，把另外两人吓了一跳。

"怎么了？嘉馨。"

"我知道了！我知道了！"

"知道什么了？"

"我知道我的PFE是什么了？

"什么？"

"我要成为它！"嘉馨望着那位船夫。

"谁？那个船夫吗？"

"对，我要做'摆渡人'，做'人生摆渡人'。"张黎和黎想不解地看着嘉馨，嘉馨则望着那位船夫有些出神。

"就像这样。"顺着嘉馨的目光，二人看到那位船夫正在迎接河边的两位乘客上船，待乘客坐稳后，船夫开始摇动船桨，湖面荡起了波纹。

直到这艘船穿过她们脚下的石桥，嘉馨才收回心神。

"嘉馨，你刚说的PFE是什么？"张黎歪着脑袋问。

"就是'我们的存在意义''我们希望怎么存在于这个世界''我们希望怎样活着'。或者说，'我们人生的意义''我们的使命'。"

"那……你觉得你的存在意义是成为摆渡人？"

"是的。我觉得这件事好有意义。就像这条河，很多人在河的一边，想要去到河的另一边，但中间有一条河，他们需要一艘船才能过去。也许这条河是我们脚下的一个困扰，也许这条河连接着河对岸的一个希望、一个心愿。如果我能像这个船夫一样，帮助人们跨越脚下的困扰，实现心中的愿望，这是多有意义的人生啊。"

张黎和黎想看着此刻的嘉馨,明显感到她与上次喝咖啡时大不一样了。

"你俩怎么这么看着我?"

"为你开心。"黎想笑了笑,对嘉馨说。

"是啊,为现在的你开心。"张黎附和道。

"这还要多谢你俩的启发,上次和你们聊过之后,我满脑子都在想我想要的生活到底是什么样的?也就是那段时间,我接触到了PFE的概念,开始重新看待'活法'这件事,最近刚设计了我后半生的生命环。"

"什么生命环?"又一个新词,张黎瞪大眼睛好奇地问嘉馨。

嘉馨把生命环的事一五一十地给张黎讲了一遍。

"叮咚……"

嘉馨的手机收到一条信息:

"妞,生日快乐,妈妈祝你一生都快快乐乐,顺顺利利,心想事成。玩得开心!"

"嘉馨,生日快乐!"

"嘉馨,生日快乐!"

张黎和黎想不知从哪里拿出一顶亮晶晶的皇冠发箍,戴到了嘉馨头上。随后又拿出三块小蛋糕,背着风,用打火机点燃了蜡烛上的数字"33"。

"快快快,许愿!"

嘉馨在一片惊喜的手忙脚乱中,双手合十,闭上眼睛。

待她再睁开眼时，看到两双忽闪忽闪望向她的眼睛、两张笑盈盈的脸在蜡烛和灯光的映衬下，格外的好看。

"快吹蜡烛！"

"呼——谢谢你们。我没想到……你们竟然……"

"咋还感动哭了呢……"二人一手举着小蛋糕，一手上前拥抱着嘉馨。

"你一定会心想事成的。"黎想说。

"那必须会的呀，这可是咱们嘉馨呢。"张黎调皮又傲娇地说。

"你许的什么愿？"

"别说别说，有人说愿望说出来就不灵了。"

"真的假的？"

"真假各一半吧，谁知道呢？管他呢，大不了……嘉馨呀，你明天写给我俩，嘿嘿。"

嘉馨被二人的对话惹得扑哧一笑。

"好。明天就写给你们，我们一起实现。"

第二天午后，嘉馨和黎想准备离开时，嘉馨递给张黎一张纸条，上面写着：

谢谢你，张黎。

我的愿望是：希望我们仨都能心满意足过此生。

接下来，我也要换种活法了，祝你和宝宝健康快乐。

16

暗淡时刻：动摇，来自对评价的认同

"什么？做人生摆渡人？你不上班啦？你以为自由职业是那么容易做的？你之前又没做过，怎么可能做好？你别瞎折腾了。"

一盆冷水浇下来，嘉馨的心瞬间凉了半截。

嘉馨的嘴炮发小来看望嘉馨父亲，两人聊起近况。原本嘉馨兴奋地向发小分享她最近的感受，没想到换来的却是一盆冷水。原本就不多的信心一下子变得所剩无几。嘉馨心里知道，发小是好意，这么多年一起长大，她总是关照着自己，虽然每次说话都不好听，却都是为了自己好。

只是……嘉馨心里很不舒服。

"白大仙，好朋友不是最应该支持我的吗？黎想和张黎都一直鼓励我。可我的发小却……"

嘉馨一见到白大仙就把发小的话一字不落地学了一遍。

看着嘉馨泄了气的样子，白大仙竟然高兴地从椅子上跳了下来！

"好极了！来！"

虽然已经对白大仙时不时的古怪并不陌生，但嘉馨心里还是翻了个白眼，什么嘛，被泼冷水，竟然还拍手叫好。

"来！实修的时刻又到了！让我们来验证看看这么久以来，你学得如何了？"

"什么验证？"

"还记得追问法吗？这次，做你自己的人生教练。"

"我怎么了？我不开心。为什么不开心？因为发小泼我冷水。为什么她泼冷水我就不开心？因为……我本以为她会像黎想、张黎一样给我鼓励、支持我，但她并没有支持我。为什么希望得到她的支持？对啊，为什么呢？"

嘉馨想了一会儿继续说。

"因为我想做的'人生摆渡人'的确没做过，心里原本就没底。她这么一说，我就……是哪句话刺痛到了我呢？"

嘉馨又想了一会儿。

"对！她说我没做过，一下子戳中了我！所以我才会如此地在意！所以，是我在担忧，她只是戳中了我的担忧。因为我在担忧，所以我……潜意识希望有人给我肯定和鼓励。"

嘉馨自言自语到这里，突然睁大了眼睛望着白大仙，她之前竟然没有发现自己希望获得鼓励背后，竟然是因为这样的原因。

"很好，继续。"白大仙鼓励道。

"发小说'自由职业哪有那么容易做的',说我'你又没做过,怎么可能做好',我觉得特别不舒服。我觉得我不被信任,觉得她不懂我,更觉得她因循守旧、固步自封。而且,她让我感觉到了压力和困难,我有些受打击。"

"是她觉得难,还是你觉得难?"白大仙问。

"嗯?"

"是她觉得难,还是你觉得难?"

"是……她吧,可是她说完这些后,我也觉得可能并不容易。"

"所以,你认同了她的话,而这个认同又和你最初做这件事的热情有了碰撞。"

嘉馨倒吸一口气,"竟然是这样,竟然是这样……是我认同了她的话,才会觉得这件事会很难,我可能真的做不好,心里才会这么堵。原来是我自己在跟自己打架。这么说的话,发小的话只是激活了我身体里的另一个'我'……"

"一个人,只有认同了别人的评价和否定,才会感受到沮丧,感受到压力,感受到自卑。只要你坚守好你做这件事的初心,别人的评价就不会轻易动摇你。"

"坚守好做这件事的初心……"嘉馨重复。

"来,问你一个问题,'你觉得未来遇到困难后,你会不会放弃做这件事?'"

嘉馨认真地想了一会儿,回答道:"不会,我觉得这就是我的 PFE,我确实想做一个'人生摆渡人',像您一样,像黎想一样,带给别人希望和力量。"

"那你是否是第一次做,这件事是否容易,对你而言还是问题吗?"

"我明白了!是我被还没发生的困难吓到了,有了担忧就想寻求确认感。只是,我是在别人那寻找确定和鼓励,但其实,真正能够按下确定键的,只有自己。"

"因为遥控器在——"白大仙故意拉长了"在"字。

"在我自己手里。"嘉馨接得很顺溜。

"非常好,这件事其实也有一个意义。"

"什么意义?"

"想想看?"

"刚找到 PFE 的时候,我兴奋极了,我觉得我的生命之灯终于亮了!可发小一泼冷水,它好像瞬间就暗淡了下来,忽闪忽闪地。但现在想来,起初很有可能我只是一腔热情,现在我反而更加明白,我必须提前做好迎接困难的准备。这样一来,我对我的 PFE 更加坚定了。"

"发小在泼你冷水,真的是这样吗?"

"……"嘉馨想了一会儿,"也许她不是故意的,是我感觉被泼了冷水而已。她也许只是在担心我,不想我未来受挫。只是这样表达的方式,我没有感受到被支持。"

"其实,面对别人的评价和质疑,一是要看对方的用意,有时对方是好意,只是我们被戳到了某个地方,所以才会恼羞成怒;二是刚好可以帮你确定你的心意和坚定程度;最后,还有一点,任何人给你的评价和建议,你要会听。"

"要会听?"

"一个人给的意见，其实带有他本人的经验和认知。你可以吸收这里面有价值的信息点，也许这些信息我们可以作为参考，少走弯路，提前预防。再有，你要看他现在的状态是你喜欢的吗？一个人的价值观影响着他的选择、成果、活法，这些又会最终体现在你看到的他的状态。"

"我懂了。现在我最需要做的，就是多请教一些有这方面经验的人。"

"很好。"

"白大仙，那咱们现在开始？"

白大仙惊了两秒，瞬间懂了。"你呀……"

"白大仙，我心里还有一个困惑。在您身上，我明白如果我要帮助别人，在别人的灰暗时刻给予光亮，不仅自己需要活成一束光，我还需要有传递光的能力，我的专业才能真正帮到别人。就像'摆渡人'一定得会划船，不能让乘客掉水里。我知道我要懂得很多，要学的很多。只是，我已经33岁了，现在才重新开始，会不会太晚了？毕竟很多人从大学时可能就已经在学相关的专业了，很多人已经有多年的经验了，和他们相比，我才刚准备出发，不知道我能拼得过他们吗？"

"你走过路吗？"

"走过啊。"

"你走路的时候，前面有人吗？"

"有。"

"后面有人吗？"

"也有。"

"有人走得比你快吗？"

"有。"

"有人走得比你慢吗？"

"有。"

"那你会因为前面有人，有人比你走得快，就坐地上不走吗？"

"这……倒是不会。"

"对啊。地球是圆的，总有人在你前面。你有你要去的地方，别人有别人要去的地方。每个人都有自己要走的路，也有自己的速度。有人两条腿走，有人骑自行车，有人骑电动车，有人开车，可这和你要去的地方有什么关系呢？"

"他们做得比我好，我的竞争力就……弱了啊……"

"那有没有人比他们做得好呢？"

"应该有。"

"他们是一出生就这么厉害的吗？"

"那倒不是。"

"你能确定你未来不会赶上他们，甚至超过他们吗？还有，你的PFE的初心是为了比较吗？"

"啊！不是不是。嗨，我怎么又陷入这些想法了呢？"嘉馨敲了敲自己的脑袋。

"有疑问是好事，每解决一次，你的挡风玻璃就更清澈，你的跑车开起来就会更顺畅。"

"我的……跑车？"

17

考取你的"人生驾驶证"

看到嘉馨充满疑惑的眼神,白大仙又点了一下嘉馨的眉心。

"我的天啊……"嘉馨惊呼起来。

出现在嘉馨面前的,是一整排跑车,各式各样,各种颜色。

"喜欢哪辆,去吧!"

嘉馨不可思议地看着白大仙,白大仙朝她点点头。

嘉馨风一样地飞奔过去,东瞧西看,最后站在了一辆红色的敞篷跑车旁边。

"坐进去。"

嘉馨小心翼翼地打开车门,坐在真皮座椅上,摩挲着方向盘。"

"现在什么感觉?"

"哈哈哈,激动!"

"开一圈。"

考取你的"人生驾驶证"

"可以吗?"嘉馨再次不可思议地看着白大仙,白大仙再次点点头。

嘉馨兴奋极了,虚无之境里没有别人,也没有红绿灯,完全可以撒开欢地放肆一次。一脚油门踩下去,随着轰的一声,嘉馨连同跑车都消失在视野里。

白大仙摇了摇头,静静地在原地等待。

果然,没过多久,嘉馨就回来了。

"感觉怎么样?"

"嗯,挺爽的,就是感觉好像……没有想象中那么……撒野……虽然已经猛踩油门了,还是感觉飞不起来。"

"喏~"白大仙看着手刹,心疼地说道,"你自己看看。"

嘉馨一惊,不好意思地缩到车窗边:"哎呀!我竟然忘了放手刹……那……那……这车没坏吧……"其实她心里想的是,"不会要赔钱吧,这可是赔不起啊。"

"幸好你感觉到飞不起来,早早回来了,不然说不定就冒烟儿咯。"

"抱歉抱歉……"嘉馨难为情地正准备推门下车。

"那,要不要感受一下'飞起来'的感觉?"白大仙看着嘉馨说道。

"这……可以吗?您不怪我?"嘉馨一边兴奋,一边又不好意思。

"当然,在虚无之境里,车子会自愈的。不信,你摸摸方向盘,问问红红。"

"红红?"嘉馨先是愣了两秒,突然笑了起来,这个跑车的名字挺"白大仙"的。

不过，要和一辆车对话，还是太古怪了。嘉馨不由自主地摩挲着方向盘，在心里默默地说道："你还好吗？刚才……我不是故意的。"

"轰隆隆隆……"车子竟然自己发动了，嘉馨吓了一跳。

"看来，红红很喜欢你。它已经准备好了，你准备好了吗？"

嘉馨紧紧地握着方向盘，深吸一口气。"准备好了！"

"好，3！2！1！出发！"

这一次，嘉馨和红红飞一样地冲了出去——伴随着嘉馨的一声惊叫。

过了许久，嘉馨和红红才回来。

"怎么样？这次飞起来了吗？"

"……"嘉馨紧紧抓住方向盘不放。白大仙递给嘉馨一瓶水，嘉馨咕咚咕咚一口气喝了半瓶。

"我这辈子……没这么干过……"

"哈哈哈，感觉如何？"

"太刺激了！"

看着嘉馨又怂又兴奋的样子，白大仙笑得停不下来。

"回来吧。"白大仙打了一个响指，嘉馨瞬间回到了原地。白大仙转身跳回自己的粉红色座椅，嘉馨则坐到了一旁的沙发上。

待嘉馨回过神，白大仙问道："嘉馨，刚才的体验你有觉察到什么吗？"

嘉馨想了一会儿。

考取你的"人生驾驶证"

"我以前从没开过跑车,也从来没敢开这么快。虚无之境里是安全的,想到哪儿都行,也不用担心超速被罚,不用担心路况,只是大胆开就够了。但我还是有点放不开,幸好有红红,要不是它暗中提速,我自己是不敢开这么快的。"

"嗯……还有吗?"

"对了,我一开始只顾着兴奋了,忘记了放手刹……怪不得我怎么踩油门,都觉得有什么东西在拽着我似的。"

"阻力。"

"对对,有阻力。"

"你觉得车子开起来,有哪几个关键要素?"

"油门、刹车、方向盘……"

"很好!"白大仙手一挥,空中的屏幕上出现了一辆车的模型。

随后,白大仙分别在方向盘、油门、刹车的地方画了一条线,写上"方向盘、油门(油)、刹车"。

"还有吗?"

"车的框架?有这个框架才能组合起来,才安全。"

"很好,我们把它叫作'安全保障'。"边说着,白大仙边添加了一条线,写上"安全保障"。

"这就是我们人生的驾驶动力系统。"

"驾驶动力系统?"

"没错。嘉馨,你有驾照吗?"

"有啊。"

"那你有'人生驾驶证吗?"

"人生驾驶证？"

"大多数人一踏入社会就会率先考取一张车辆驾驶证，对吗？"嘉馨点了点头。"嘉馨，今天我告诉你另一个真相——如果想要在人生之路上跑得好，同样是需要驾驶证的。"

"人生驾驶证。"

"真聪明！但，绝大多数人都忽视了这一点。"

"这倒是第一次听说。"

"就像我们刚才聊到的，一辆车要顺畅地跑向目的地，至少需要四个关键要素。方向盘，掌管着方向，决定了我们去哪里；油门和油，掌管着马力和速度，决定了我们能跑多快、跑多远；刹车系统，掌管着制动；安全保障系统，掌管着安全防线。

驾驶汽车，是为了到达某个地方；而我们在人生某些阶段所尝试做的努力，也是为了实现某个目标。这一点上来说，它们是不是很相似？"

嘉馨狠狠地点了点头。

"所以，你看这里。"白大仙指着屏幕中的方向盘，"你的方向盘有没有在你手里？你有没有握紧你的人生方向盘，你是不是明确地知道你要去哪里？注意！是在不在'你'手里，而不是'别人'手里；是'你'要去哪里，而不是'别人'要你去哪里哦。"

"嗯，我觉得掌握自己的方向盘好像并不容易，人挺容易迷茫的，而且，有时候会身不由己。"

"身不由己也是自己的一种选择。"

嘉馨沉默了许久，想起子灏学长的话，点了点头。

考取你的"人生驾驶证"

"那我们继续？"白大仙打破了平静。

"你说得很对，人是挺容易迷茫的，而且不同阶段的迷茫大有不同。

- 20多岁时：迷茫如何开始。这个阶段，正是从校园到社会的过渡时期。大多人关注的是如何找到职业方向，要提升什么技能，如何沟通比较好。
- 30多岁时：迷茫如何继续。这个阶段，正是中年转折期的开始，你可以称它为'小中年'。大多数人开始关注如何更进一步，如何成长的更优秀。有些女性有了孩子，开始思考如何再出发、如何重新发挥自己的价值、如何重新立得住、如何能把事业和家庭做好平衡、如何能让自己不像八爪鱼。
- 40多岁时：迷茫如何解放自己。这个阶段，是中年转折期的不惑阶段。大家开始寻找价值，有了一定的积蓄，渴望活出自我，想要换种活法。当然，也有人在这个阶段承担着很多的压力和负担，想要重新规划未来的发展，积累财富。
- 50多岁时：迷茫如何退休。这个阶段，是中年转折期的圆梦阶段，大家开始思考人生课题，开始去圆梦，弥补遗憾，开启另一种人生。

你看，每个阶段都会遇到迷茫，就像我们开车路上遇到的一个个岔路口，要做出一个个的选择。

但是，这些岔路，不是为了拦住我们——而是在带我们去向最终的目的地。如果没有岔路口，只有一条路，那我们怎么去到自己想去的地方呢？"

"这么说，这些岔路口、这些迷茫，其实是在指引我们，是在'引导'我们去完成生命的跃迁和过渡；也是在给我们坚定向前或重新选择的机会。我懂了，这就是握紧'方向盘'的意义，把人生的方向盘握在自己手里。"

"没错。每一段迷茫后的答案，都决定着我们的下一段路。"

"再看这里。"白大仙指着油门的位置，"你有没有踩油门？从可见层来说，也就是你有没有做相应的努力，包括学习技能、提升见识、积累资源、争取支持，等等。"

"不努力的人应该比较少；相反，过度努力的人更多吧。"

"你说对了一半。一来，努力不代表努力对了；二来，如果努力对了，怎么还有那么多的人陷在迷茫、内耗、压力中呢？"

"也是。但我看到大家都很忙碌，都很拼啊。"

"这就牵扯到努力中的两个小陷阱：有没有'打直球'，是不是'假努力'？"

看着嘉馨有些疑惑，白大仙继续解释道："所谓打直球，就是直击问题本源，用最小路径解决问题。举个例子吧，如果一个人渴了，他应该怎么做？"

"喝水。"

"没错。如果他发现水壶没水，该怎么做？"

"打水，烧水。"

"没错，那如果他给远在外地的你打电话诉苦说他多么多么口渴，

考取你的"人生驾驶证"

然后涂了厚厚的润唇膏,你觉得怎么样?"

"这,不解决根本问题啊。"

"那如果这时候他去买了件衣服,又买了面膜呢?"

"这,完全驴唇不对马嘴啊……真有这么笨的人嘛?"

"不是笨,是有时候身在其中不太容易发现。你现在是跳出来看,当然看得清楚了。现实中类似的情形比比皆是。

"就像有的人想要的很多,东一榔头、西一棒槌,最后什么都没抓到;或者有的人脑袋里想一百遍,就是不行动;或是想要行动,却自卑能力不足,裹足不前,慢慢变成内耗;有的人不停地努力,埋头加班,不停学习,写了一本又一本的学习笔记,但结果却更加自责'为什么我这么努力了,还是迷茫'。

"这其实是精力聚焦和有效行动的问题。要把精力聚焦在你想要的事情上,只做或尽可能多做与你想要的事情相关的事;采取有效行动,不做无用功,尤其是在精力不足的情况下,尽量做对结果直接有用的行动。

"这就是'打直球'。"

嘉馨想了一会儿,说:"我懂了,有效的努力就是集中精力聚焦在我们想要的事情上,然后在我们最该关注的这个核心问题上直接采取有效的行动。"

"没错。如果没自信,那就一件一件从小处做事情,在完成中建立自信;如果因为外貌自卑,那就去提升谈吐魅力,提升着装打扮,同样会极具吸引力,而不是沉浸在自怨自艾里;如果感到内耗无力,那就去休息、睡觉、吃好吃的、去晒太阳、去接触自然,一点点恢复能量；如果因为金钱问题而焦虑，那就想办法赚钱，并努力去做；没有方法，就去学去想方法，而不是拼命沉浸在问题里，还没开始就拼命否定自己说'我不行，我做不到'，然后眼看着别人做到了，再度告诉自己'看吧，我就是不行'；如果害怕做不到，那就去找有经验的人请教，再不然，就找能做到的去做。再说了，没做过怎么知道做不到呢？

"这就是'打直球'。大多数的问题之所以伴随着内耗、恐惧，是因为我们把问题当成'宝贝'，死活不肯撒手啊。"

白大仙一边说，嘉馨一边不停地点头。

"是啊，如果只是关注问题本身，而不去解决，问题就会带来新的问题。那如果遇到问题不知道该怎么办，能不能主动踩个刹车，先停下来？"

"这的确是一个好问题，舍得停下是很重要的决定。很多人一直像陀螺一样很难停下来。但要记住，是暂停下来，不是停下来。暂停下来是为了弄清楚后重新出发。但如果停下来沉浸于苦恼，就不对了。

"停下来可能会出现两种情况。第一种，沉浸于问题带来的状态。就像车子快没油了，就趴在方向盘上哭，拍打方向盘，怨天怨地。心想'我怎么那么惨，老天为什么这么对我，我该怎么办'一直沉浸在状态里，就是不去打个电话。第二种，关注问题的解决方法。立刻分析遇到了什么问题，该怎么解决，然后就去解决。"

"没错，哭和抱怨都没用。车子没油最重要的就是加油，赶快打电话救援送油才是有效的。保险公司、加油站、车辆售后中心，给谁打都行。"

"很棒哦！"白大仙伸出大拇指。

"这个画面好熟悉。一开始，我也是一直抱怨为什么老天这么对我，却没有想到底是怎么了，我能做些什么来改变我的生活？"

"你现在已经学会了，不是吗？"

"这还不是白大仙您的功劳！"嘉馨打趣着，白大仙瞥了她一眼，继续说道。

"努力当中第二个陷阱，叫'假努力'。每天看似都在努力，也做了很多的准备，实则很可能只是为了缓解内心的焦虑、不安、内疚、自责。让自己相信'我努力了'——即便结果不理想，但我已经尽力了。但这只是一种内心的安慰而已。事实上，尽力了吗？是有效路径吗？有没有绕开最关键的事情？"

"的确是。这样挺亏的，相当于是无用功啊。那怎么才能不'假努力'呢？"

"坦诚地面对自己，想想看为什么要绕开核心，究竟是在恐惧什么？逃避什么？担忧什么？然后打直球啊。就像很多人都很关注个人成长，喜欢不停地看书听课、记很漂亮的笔记，唯独对学到的方法不思考、不行动。与其读100本书、什么都不做，不如看到有用的就立刻去做，做'有用功'。"

嘉馨点了点头，突然无比庆幸自己遇到了白大仙，并学到了这么珍贵的东西。

"知道了如何加油，下一个很重要的就是……"

"大仙，稍等，我有一个小问题，我观察到有些人不是不努力，不是不想改变现状,是他们没有心力了,就像……就像车子没油了,没有了动力、没有了能量。还有,就是……有些人好像在某段时间,就是特别悲摧,运气很差,总是遇到不好的事情。"

"非常细致的观察。刚才咱们说的是可见层的油门,其实除此以外,还有一种油门,在隐形层。"

"隐形层?"

"是的,这牵扯到人生中另一个重要的系统,叫'原生动力系统',我们后面再讲。你刚才所说的心力、动力、能量,还有你说的运气,其实就包含在隐形层中。"

"天啊,那是不是说,想要好运气的话,也是可行的?"

"当然,这个不是什么玄妙的事。"

嘉馨望着白大仙,一脸的期待。

"别着急,我们一步步来,先把这个模型弄懂,不然有多少好运气,也接不住啊。"

"好的,好的。"

"看这里,手刹。忘记放手刹,会怎么样?"白大仙看向嘉馨。

嘉馨一脸难为情地回答道:"车子会跑不起来,还会把车子跑废……"

"对!人生也是一样。"

"那人生中的手刹是?"嘉馨问。

"想想看,有没有一些事情你就是觉得你自己做不到、不可能;有没有一些事情你觉得就是应该如何,似乎必须如何才是成功、才会幸福?"

考取你的"人生驾驶证"

"有，我以前就觉得必须买了房子才是成功，必须有钱才会幸福。"

"你要警惕你内心的两种声音：'否定'类和'必须'类。这两种声音中，很有可能藏着你的'限制性信念'。"

"什么是'限制性信念'？"

"信念，就是你大脑中坚信的想法、你的认知、你的主观判断。限制性信念，就是阻碍你的那些想法。'否定'类的，例如'我做不到''我长得不好看''没人喜欢我''我已经30了，很难改变了'；'必须'类的，例如'我必须不停努力，不然没人爱我''只有赚到100万，才能光耀门楣''女强人都不幸福，我不能太优秀'……这些都属于限制性信念。"

"听起来就好不舒服啊，感觉胸口堵堵的。"

"是的，能量被禁锢，无法流动。"

"就像忘记放手刹，怎么踩油门都感觉有阻力一样。"

"是的，所以要松开手刹。"

"那可以怎么做呢？"

"打破局限，可以尝试从打破认知局限、思维局限、限制性信念入手。"

"认知、思维、信念，看来成长是一个永恒的课题啊。"

"当然。最后，我们来看安全保障。"白大仙指了指车内的安全系统。"就像车内的安全系统一样，我们的人生也要有安全系统。例如，在做方向选择的时候，要做到四重验证，来最大限度地做出最优选择。"

"对，我记得，有市场验证、心理验证、体验验证、时机验证。您让我看的《跨界成长》我看完了。"

"行动力强，这就是有效努力。除此以外，想想看，还有哪些属于人生的安全系统？"

"买保险算吗？我觉得健康的保障真的挺重要的。这次我父亲生病，我突然发现保险真的太重要了。还有理财也很重要，能在资金上有保障。"

"是的，还有吗？"

"A 计划、B 计划，算吗？以前做项目的时候，会提前做备选方案应对突发情况。还有不熟悉的项目不能轻易投资，我有一个同事就是跟风投资了一个完全不懂的项目，后来血本无归。"

"很好，还有吗？"

"我觉得事业发展的角度还挺多的。就像书中提到的'先发优势''个人发展摩天轮'，还有我们的'商业画布''商业飞轮'各种辅助我们商业布局的工具，都是一种保障。"

"还有吗？"

"还有内心的安全感、内核的稳定，就是遇到什么事都不慌，都有底气、有思路、有解决问题的能力。还有对人生的洞见、对生命的悦纳，这种智慧的、松弛的、有安全感的状态，也属于人生的安全系统吧？"

"非常好。我们再来看一下整个驾驶动力系统，你有没有发现什么底层逻辑？"

嘉馨盯着白大仙画的图，嘴里嘟嘟囔囔念叨了很久："方向盘、油门、刹车、安全系统……""我知道了！是加减乘除！"嘉馨兴奋地答。

"如果要做到想做的事，就要学会加减乘除。首先是乘法，就是把握好方向，方向不对，努力白费，要会打直球；其次是加法，要努力踩油门、踩对油门，还要会加油，不能假努力；更要放下刹车，突破认知局限、思维局限、限制性信念，这是减法；最后还有一个除法，就是安全系统，守好安全防线，做好保障，不然前面的一切成果都可能随风飘摇。"

"很好，理解得很透彻。你平时养花吗？"

"我养不好，我是植物杀手。"

"留意否定型声音。"

"啊！我的限制性信念出现了，我得突破一下。"

"很好，那今天的作业就简单一些，回去买盆蓝雪花，好好观察它，感受生命的成长。"

第四部

实现心满意足的人生

落地践行，实现生命环中期待的人生

- ✦ 如何实现我的生命环 —— 生命清单的四个关键、原生动力系统、阿拉丁咒语
- ✦ 我真的可以心想事成吗 ——五个秘密
- ✦ 如何面对不开心的事 ——三个行动
- ✦ 你不着急赚钱、不焦虑发展吗 ——幸福感的真相：咖啡杯
- ✦ 你喜欢养植物吗 ——三个生命启示
- ✦ 最后的秘密 ——三份能量

18

生命清单：从梦想到现实的关键四步

"这次，应该能养好了吧？"

此时此刻，两盆蓝雪花已经稳稳地在窗台晒着太阳。

嘉馨在网上搜集了蓝雪花一年四季的养护技巧，认真做了笔记，又买了一堆东西，有助根系生长不易闷根的控根盆、无菌营养土、多菌灵、促生长的花多多1号、促开花的花多多2号……

两天后，终于收到了快递的电话。

嘉馨抱着从快递柜取出的大箱小箱歪歪扭扭地往回走，突然间，视野右前方探出一张脸，吓得嘉馨浑身一哆嗦，怀里的快递掉了一地。

"真的是你啊，嘉馨，你在这个小区住？"

嘉馨本来没好气地想爆粗口，抬眼一看，竟然是黎想，旁边还跟着一个高八度的白白嫩嫩的男士，把黎想衬得娇小可人。

"啊……是……你怎么会在这？"

突然之间，嘉馨感觉一阵局促，因为她……正披头散发素面朝天，穿着吊带睡衣，随意裹了个草莓熊外套就下楼了，原本以为快速拿完快递就上楼，没想到会碰到熟人和熟人的朋友——还是这么帅的。

"哦，我来找我男朋友小白，没想到你们竟然在一个小区？你一会儿有事儿没？吃个饭呗！"

嘉馨一边捡快递一边想："小白？果然人如其名，比我都白"。

"嗯……没事儿……那我先把快递拿回家。"

"亲爱的，你先回家吧，我跟嘉馨好久不见了，刚好我把快递帮她拿回去，顺便聊一会儿。"黎想仰着头对小白说。

"好，那……我帮你们搬吧？"小白正要伸手。

"不用不用……我自己就行，真不用，我可以的……"嘉馨抱着快递就往家跑，黎想一看这架势，赶紧扶着快递跟着跑。

"嘉馨，你家好漂亮啊！哇，原来你生活里这么可爱啊！"

放下快递，黎想就被满墙的照片吸引了。她好奇地看着那些照片，有小时候嘉馨和爸妈在公园划船的照片，有全家一起过生日的照片，有在院子里和家人一起吃西瓜的照片，还有上次她们三人在西塘拍的照片……

"天啊，嘉馨，这些照片好温馨啊，看到就感觉好放松。"

"啊？是吗？我前段时间随便选了几张换上去的。"

"真的，看起来就好治愈啊，好舒服的感觉。"

被黎想这么一说，嘉馨才意识到，这些照片的风格似乎确与过去不同了。过去的照片墙上，挤得满满的团队照、颁奖照、进修照、证书照，一切欣欣向荣、蒸蒸日上的景象；而现在的照片墙却完全是另一种松弛感的风格。她想起好像在哪里听说过，物品是内心潜意识的反映。这样看来，也许她所追求的人生，已然在不知不觉中变了。

嘉馨正出神地想着，又一声赞叹把她拉了回来。

"哇，你竟然还养花？这是什么花啊？"

"你说蓝雪花啊，我啊，以前养啥都养不好，妥妥的一个植物杀手。这次是一个很特别的老师叫我养的。我索性买了两盆，总不至于全挂了吧。"

"很特别的老师？"

"嗯，他让我观察它们，领悟一个作业。"嘉馨边倒水边说。

"什么作业？"

"领悟关于生命的真谛，不过我还没有想明白。来，喝点水。"

"谢谢。我发现咱们每次见面，你都变化很大。"

"是吗？最近的确思考了很多，只是还不知道具体怎么落地到生活，我可不想成为理论大师。"

"上次在西塘的时候，听你提到'生命环'，照着它做最直接有效了。只是落地有两个关键点，其中之一就是要拥有人生驾驶证。"黎想端起水杯喝了一口。

"你也知道人生驾驶证？"嘉馨惊呆了！

黎想皎洁一笑："看到你这个反应，我想……我大概知道你说的那位很特别的老师是谁了……"

嘉馨吃惊地望着黎想，黎想放下水杯，缓缓地说道："在我最迷茫的时候，我有一段很神奇的经历，但我从来没有向任何人提起过，因为我知道不会有人愿意相信。而且，人人都在拼命努力来摆脱不安和焦虑，很少会有人愿意停下来，听听自己的心究竟想要什么，究竟快不快乐……"

"是的，大多数人都像别人在意自己那样，只在意自己飞得高不高，而非飞得快不快乐。"

"是，所以越来越多的人压力巨大、身心疲惫。我很幸运，我遇到了老师，从那之后，我的人生可以说悄无声息地完全变了。以前闷头跑，完全没想过'活法'的问题，后来意识到也许可以'换种活法'，所以，你看，现在我几乎每天都和喜欢的人和喜欢的事在一起……"

"那你没有不开心的事儿吗？你不着急赚钱、不担心事业吗？"

"怎会没有不开心的事呢，但只要每天欣喜时刻的比重都在增加，就很好啊。只是那些不开心的事情，我尽量不做；如果必须要做，就尽量以最快的速度完成；实在不行，我就找找看这件事情的乐趣，或者想想可不可以换个视角去看它。你知道吗？这招很灵，我常常会找到做这件事的意义，然后就欣然接受了。"

"转念。"

"没错，转念，去发现这件事里有趣的、有意义的部分。这样一来，每天的欣喜时刻就越来越多，这不就是美好的生活嘛。对了，你坚持做记录了吗？"

"记录了，每天都记录三件事。"

"心愿、欣喜时刻、谢谢。"

"对。"

"关于你说的担不担心赚钱的问题,这估计是很多人不敢'放心做自己'的原因吧。就是因为担心,所以一直不敢做自己真正喜欢的事;又因为不敢做真正喜欢的事,就越来越不开心。可是,这里有两个 bug。

"一个是,难道做喜欢的事就赚不到钱吗?为了赚钱就一定要做不喜欢的事情吗?如果做一件事情让自己很痛苦,又能做得多好呢?

"还有一个是,难道无休止地赚钱,有很多很多钱才会开心吗?真的是这样吗?有多少才够呢?赚钱是为了让自己开心幸福,如果为了赚钱反而让自己变得不开心,这本身不就很矛盾吗?"

嘉馨沉默了许久。

"你说得对。一条路径是:做事→赚钱→满足自己→开心;另一条路径是:做热爱的事→开心。这第二条线明显是'打直球'啊!"

"对啊,打直球。"黎想咯咯笑了起来。

"嘉馨,你知道吗?有一项关于幸福的研究报告[1]中说,随着金钱数量的增多,人们的幸福感并不是持续上升的,甚至会导致下降。我看过一本书[2]的作者他在20多岁时就拿到了七位数年薪,可他觉得并不幸福,而且持续不断地花钱,并没有为他带来幸福感的增加,后来他开始了极简主义的生活。

---

[1] 2010 年,丹尼尔·卡尼曼的调研数据:随着金钱数量的增多,人们的幸福感并不是持续上升的。

[2] 《极简主义》,作者乔舒亚·菲尔茨·米尔本和瑞安·尼科迪默斯。

很多人都觉得幸福和金钱多少有关，和多少人爱自己有关。实际上，幸福感与单纯的外界某个因素的数量无关，只和一个百分比有关。"

"是什么？"

"能被感知到的满足感。就像这杯水，如果倒在大、中、小不同的杯子里……"黎想拿起桌上的一个品茶杯，为嘉馨倒水。

嘉馨见水已经快满了，黎想却丝毫没有停下的意思，就说道："好了好了，满了。"嘉馨还没有停下的意思，嘉馨托起黎想的手腕："再倒就漫出来了。"

黎想笑了笑，拿起桌上一只稍微大点儿的品茶杯，将刚才的满杯水倒了进去。

"你看，刚才的水在这个杯子里，才不到80%的感觉吧。"

"嗯。"

黎想又拿起桌上一只大肚咖啡杯，将刚才杯子里的水又倒了进去，这次这水还不到1/3，黎想又倒了一茶杯，倒进咖啡杯里。

"你看，两杯下去，才一半多点儿。"

"嗯。所以你是想说满足感和杯子有关？"

"没错，适量很重要。这个杯子，就像我们的欲望和期待。欲望过高时，即便同样的成果，也会让自己感觉不到满足，这未满足的部分……"黎想指着咖啡杯中没有水的部分，"就会让人感觉到还不够，还不够，还要继续努力，继续奋斗，焦虑、压力就是这么来的。"

"我理解。但如果明明知道自己还不够，还不努力，那岂不是自欺欺人了吗？大家都躺平了。"

"你说得对,所以这里的关键,不是说面对未满足的部分'不努力',而是,努力后这个杯子会不会无休止地变大。也就是如果要拥有幸福感,要管理好自己的欲望和期待。第一是期待和现实之间的差距不能过大,不然肯定会有很大压力,过大的压力如果没有强大的心理素质和行动力支撑,就很容易带来内耗和焦虑。第二是欲望的膨胀速度和实力的增长速度要相互匹配,这样的努力带来的成果就比较容易带来踏实感。"

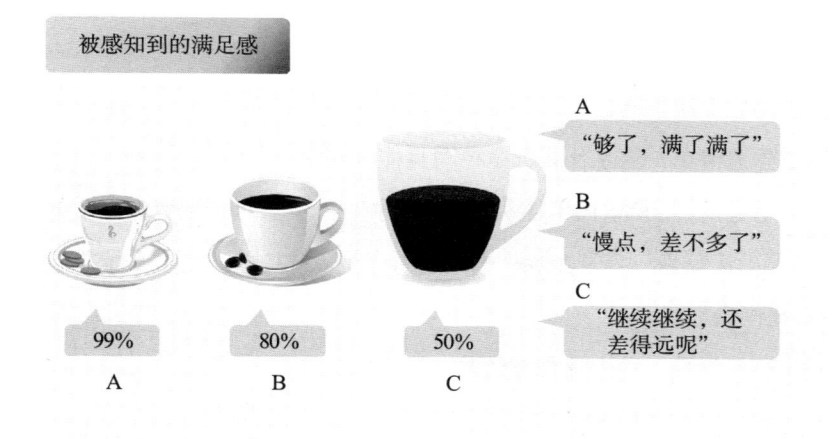

被感知到的满足感

A "够了,满了满了"
B "慢点,差不多了"
C "继续继续,还差得远呢"

99%　　80%　　50%
A　　　B　　　C

"黎想,我刚留意到,你说的不是'满足感',是'能被感知到的'满足感,这是不是有什么意思?"

"你果然适合做'人生摆渡人'啊,洞察力很强诶!这个地方就是在说'感知力'或者'洞察力'。幸福是需要被感知的,否则即便身边处处是幸福,也会因为忽视而感知不到幸福。"

"的确是的。有些幸福的细节,我们已经习惯到熟视无睹了。难怪有人说，幸福是一种能力。"

"没错，感知力就是其中一种能力。"

"黎想，真的好佩服你，每次和你聊天都能学到很多，你活得好通透啊。"

"我之前什么样儿你还不清楚嘛。不过——"黎想拉长了声音，故作神秘，"我有强烈的预感，你很快也会大变样的，像你生命环里那样。"

"生命环……我的确很向往，就是一时间感觉要做的事情好多，不知该从哪里下手。"

"用生命清单啊！"

"生命清单？这是什么？是要写具体步骤吗？"

"不是的，"黎想摇了摇头，"是把你生命环里的心愿变为现实的关键之一，就像一座彩虹桥一样，连接着你的想法和现实。"黎想边说边比画着。

"有点没懂，具体我要怎么做？"

"你画的生命环在这吗？"

"在。"嘉馨立马起身从旁边抽屉中取出《人生之书》，翻到生命环那一页。

"你的《人生之书》，真漂亮。"黎想脱口而出地赞叹，"来，你再找出一张纸，分别在生活层、事业层、梦想层列出五件你的心愿。它不是具体行动步骤，而是从生命环——也就是你想要的人生出发，将你每个维度中最想实现的心愿摊开来可视化，之后再做出相应的调整和实现策略。

"我研究过,这个动作背后,其实包含了精力管理、人生平衡、心想事成、职业发展、自我成长等很多方面,所以完成了生命清单,就像是搭建了一座彩虹桥一样,能帮你把心愿实现。"

"那不就是心想事成?"

"没错!"

"太好了,我先记下来。第一步,根据生命环的生活层、事业层、梦想层的心愿,分别梳理出五个心愿。那如果不够五件,或者比五件多呢?"

"五件只是一个参考数量,具体数量以你自己为主,毕竟这是——"

"是我自己的人生,我说了算。"

"对!"

"那写完之后呢?"

"第二步,就是为心愿打星,根据你的渴望和坚定度来打星,根据想实现这个心愿的强烈程度排序——这一步是帮你理清在这么多的心愿中,你最在意的、最想实现的是什么。"

嘉馨突然想起白大仙经常说的"弄明白你最想要的是什么"这句话。

"一定要记得,在这个过程中,要注意觉察内心感受。"黎想补充道。

"为什么?"

"因为你很有可能发现,1 也想要,2 也想要。但是,想到 1 的时候,你的眉头皱了一下,隐隐觉得心里有点堵,或者有点愧疚、有点害怕，反正就是可能会有不太舒服、想逃的感觉。

"有可能想到 2 的时候，内心洋溢着一种向往、幸福，心跳加速，仿佛已然体会到实现时的那种兴奋。

"那你就知道，虽然看起来 1 和 2 都想要，但从内心源动力来说，大有不同。那就不如问问自己为什么想到 1 有点不舒服想逃呢？害怕的部分是什么呢？想要的部分是什么呢？有可能会突然发现，这可能根本就不是你自己的心愿，也许只是因为别人想要我们做，或者只是因为曾经发生过什么、为了证明什么，或是受到谁的影响误以为想要这样而已。

"所以，这一步其实是对心愿的一个'验证'，是'伪心愿'的矫正站。"

"'伪心愿'的矫正站，这一步太重要了。"嘉馨一边奋笔疾书，一边赞叹着。

"接下来是第三步，就是找出'扳机心愿''钉子心愿''种子心愿'。"

"这又是什么？"

"'扳机心愿'，其实就是关键心愿。就是为了要实现剩下的很多心愿，必须要先实现的这个心愿。只有完成了这件事，其他心愿才会更容易实现。这有点像……'给我一个支点，就能翘起整个地球'的那个支点。

"'钉子心愿'，是板上钉钉的钉子，是非常想要今年实现的心愿，打死也要完成的那个心愿。

"'种子心愿'，就像种子要生长，它需要浇水、阳光、时间才能长大。所以,'种子心愿'是需要时间的累积才能实现的,但最好现在就开始提前筹备和积累的心愿。"

"稍等我一下啊,让我消化一下。"嘉馨盯着满满当当的笔记,看着自己的生命环,眉头紧锁。

"那我的种子心愿,应该就是出书吧。我还不知道要写什么呢,也不知道该怎么出,我得先理清写作思路、累积写作素材、磨炼写作技巧、联系出版资源、搭建书友群体吧。"

"对,是这个意思。具体出书的事情我不太懂,你可以找有经验的人聊聊。"黎想点了点头。

"那我的钉子心愿和扳机心愿就是……嗯……要实现这样的生活,我的时间要尽可能地自由,不能再为了赚钱陷入恶性循环,这样的话,我得先把债务清零,还要有一份能负担生活的事业;我的PFE是想成为人生摆渡人,做有意义的和能帮助别人的事,要通过这个热爱养活自己,我得先让自己变得专业,才能被人信赖。这还不够,我还得规划一份我的服务方式和商业地图,这样就有了收入。要想收入比较顺畅,我记得'摩天轮'[①]里讲过九大体系的逻辑,要有核心价值、价值服务、价值传递方式……我得一点点梳理清楚。这里面,核心价值又是关键中的关键,所以,我得去学习系统专业的内容,再考个证。对,所以我还是得先提升实力……"

黎想在一旁静静地听着嘉馨自言自语。

---

① 《跨界成长》中提到的摩天轮模型,指的是促使个人发展顺利运转的一套模型,其中包含九大体系。

"所以，我的'扳机心愿'应该是要去学习和考证。只有先完成这一步，其他想法才能继续。没错！我今年就得完成这件事。诶？我怎么感觉这个好像也有点像钉子心愿啊？"

"这说明这件事既是所有心愿中的那个关键点，又是你内心无比坚定的。角度不一样而已，不冲突的。"

"懂了。"

"那我觉得，债务清零也是钉子心愿，不然每天背着那么多的贷款，总是放不开手脚。"嘉馨正说着，突然闭上了嘴巴，怎么把这么难为情的事给说漏嘴了。

黎想心疼地看了看嘉馨，轻轻地说道："我的车也是贷款买的。"

嘉馨抬起头，和黎想相视一笑，一切尽在不言中。

"来，还有最后一步，集中力量去实现。优先这三大心愿，并写上实现这个心愿的关键点和进度。"

嘉馨放下笔，盯着这四个步骤，不停地点头："现在清楚多了，下一步就是开干！"

"哈哈哈，先别急，等你有时间，还是要把第一步和第二步再完善一下，也许会有新的答案。"

"好嘞。"

"看你激动的。要让它们如愿实现，我想想看，要不要再教你一句阿拉丁神灯的咒语？"

"什么？阿拉丁神灯的咒语？"嘉馨两眼放光。

"坚定地要 + 现在就做 + 弹性思维。"黎想一字一句地说道。

嘉馨又开始奋笔疾书。

"坚定地要，对应的是内心动力，你想啊，如果一个人不足够想要，是不是很容易半途而废，遇到困扰就退缩了？"

嘉馨点点头。

"现在就做，里面有两个关键，一个是行动的契机，就是'现在'，不是'等明天''明年''三年后'，就是'现在'；还有一个是行动的方式，就是'做'，不是'想'，不是"等"。你知道吗？很多人都输在了这两个地方，等着等着就'算了'，想着想着就'害怕'了。耗去了大量精力，最后不了了之，内耗无力。"

嘉馨再次点点头。

"弹性思维，就是这样……"黎想双手相对，一张一缩地比画着。"其实也可以叫'可持续发展性思维''成长型思维'，就是接纳新事物，接纳变化，不能死脑筋，咱们得扩大生命的容度。"

嘉馨又点了点头，"是的，固化思维的话，自己就把自己困死了。"

"馨大船长，咱们是不是可以去吃饭啦？"

嘉馨一时没反应过来。

"你不是要做摆渡人吗？以后就是船长了啊！哈哈哈……"

"哈哈哈……走！馨大船长请客！"

19
快告诉我"心想事成"的秘密

点完餐，嘉馨就又盯着生命环和刚刚认真标记的三种心愿，突然觉得这样的生活真好啊——如果能一一实现的话。

"当然可以实现了！抓住关键核心就好了！"

"对了，你刚才是不是说，生命清单是将生命环里的心愿变为现实的关键之一，那另外的关键是什么？"

"吃饭，吃饭，先吃饭！"

"就跟我说说嘛……"嘉馨眨巴着眼睛撒娇地靠近黎想。

"好了好了，我说。看来不跟你说你是吃不下饭的。"

嘉馨嘿嘿地笑了笑，拿起笔准备记录。

"另一个关键叫'原生动力系统'，是关于我们每个人的生命成长的。如果一个人能懂得看清生命成长中的真相，从可见层、隐形层，双向努力，慢慢地就会成为一个'根系'很扎实的人，内心越来越稳。"

"这和生命环有什么关系吗？"

"当然，一个人如果根系不稳，只懂得在可见层努力，却忽视了隐形层的成长，就会出现精力不足、能量不够、被卡住的感觉。你听过'明明很努力，却依然过不好此生'吗？"

"嗯。"

"原因很可能就在这里。"

"那这个原生动力系统具体是什么？"

"你那位特别的老师不是让你观察养花吗？答案就在这里面。我猜你们很快就探讨到这个部分了。我建议你按照老师说的，先仔细观察，我相信以你的智慧，一定会找到答案。如果我直接告诉你答案，反而不利于你参悟。而且……我能感觉到，你已经开始掌握心想事成的秘诀了。"

嘉馨有些失落的眼神瞬间亮了起来。

"什么？我已经掌握了吗？是哪些？"

"你想想看？"黎想点了点头，喝了一口水，静静地期待着嘉馨的答案。

嘉馨低头翻了翻《人生之书》，又抬头望着餐厅内的人来人往。

"服务员，再来 10 个烤串。"

对面桌一位男士的大喊声打断了嘉馨的思绪。

"我知道了！"

"想到什么了？"

"弄明白自己想要的是什么，而且是真正想要的是什么。就像寻找 PFE、打开生命之灯的四种方法，包括两种追问法、三看三问、百种可能、生命环，还有生命线记录图中看到的信息，都是在弄懂自己、弄明白这件事。但是很多人陷入迷茫烦恼时往往是不知道自己怎么了，这时候可能一时之间找不到这个答案。所以对他们而言，心想事成的第一步'心想'就变得很难。他们得先弄明白自己怎么了，觉察现在，洞悉过去，找到答案后才能重启未来。"

黎想兴奋地伸出大拇指。

"你看，我就说你很厉害吧！这真的是很重要的第一个秘诀。"

"那第二个……会不会是……"

"是什么？"

嘉馨正犹豫着，服务员给对面桌端来了一盘烤串。

"是要。是想要什么就去要，要坚定地要，现在就要。就像你说的阿拉丁咒语。"

黎想也看向那盘烤串。

"没错，如果只是自己一直想，却没有做任何有效的行动，是不会有带来结果的。而且，关于如何要、怎么做，其实也很关键。"

"嗯，要打直球，精力聚焦+有效行动，不能假努力，不能无休止地沉浸在状态里却不解决问题。要有'人生驾驶证'，掌握驾驶动力系统。"

"没错，这些是关于怎么做的。那如何要呢？"

"就是明确知道自己要什么，把人生遥控器掌握在自己手里，不轻易被别人的评价干扰自己的选择。"

"没错。问你个问题啊,如果有些人的心愿不知道该怎么实现,他没有资源该怎么办?"

嘉馨想了想说:"是会有这样的情况,不是所有心愿都能轻而易举实现的,不然也不会那么多人抛许愿币了。"

"你留意到那个人点烤串时做的一个关键动作了吗?"

"关键动作?他就是喊服务员说'来10串烤串'啊。"

"对,'说出你的心愿',这就是心想事成的第三个秘诀。让别人知道你的心愿,别人才能给你支持。千万不要不好意思,不要只是一个人闷头努力,一定要懂得让你的心愿被看见。"

"就像我想做人生摆渡人,我就要让更多人知道,一来我能获得别人的支持,也能让需要支持的人知道我的存在而来找我。是这样吗?"

"没错。"

"哎呀,太谢谢你了黎想……"嘉馨抱住黎想的肩膀像小猫撒娇似的,"我怎么那么幸运呢,我怎么那么幸运呢。"

"对了,我得赶紧记下来。"嘉馨一秒回弹,翻开本子。

> 心想事成的秘密1:弄明白真正想要的是什么。
>
> 心想事成的秘密2:坚定地要,现在就要!打直球:精力聚焦 + 有效行动。
>
> 心想事成的秘密3:说出你的心愿。

"叮咚……"嘉馨的手机收到一条短信。

"大夫说,你爸可以出院了。"

20
"以后"谁都说不准,能把握的只有"现在"

"都办好了吧?咱走吧?"

嘉馨拿着一沓票据再次回到病房的时候,看见父亲已经穿好衣服坐在床边,拎着提兜。一副迫不及待要走的架势。

"哈哈哈,你看,你爸已经等不及了。"临床的病友满眼羡慕地打趣着。

"是啊,老头子早就等不及了。"嘉馨妈妈回应着。

"走吧,别在医院待着,好好养身体。"

"嗯,也祝你早日康复啊。"

病友默默地转过身去,望着窗外的小公园。或许他知道,但凡在这里的相遇,大多是后会无期的。不过,最好后会无期。

"还是家里舒服。"

一进门,父亲和母亲就感叹着,看着他们的神情,嘉馨突然有一丝酸楚。

安顿好父亲，嘉馨就钻进了厨房捣鼓午饭。

"你歇歇吧，我来弄。"

"不用，妈，你快去休息休息。"

"你又不是不知道，我也闲不住。"话音未落，母亲已经在淘洗小米了。

"妈……"嘉馨欲言又止。

"嗯？"

"……"

"有啥心事？"

"也没啥，就是……我想多陪陪恁俩，我想……我想跟你商量一下。"

"商量啥？"

"我想辞职，去学习进修一下。"

"辞职？"

"嗯，俺爸这次住院，我想了挺多的，谁也不知道人会在什么时候、以什么样的方式离开这个世界。我以前总想着'以后'，想着以后要让你们享福，以后带你们吃好吃的，玩好玩的，但如果'现在'都不好，那无数个'现在'不就是组成了'一辈子'么。'以后'谁都说不准，能把握的只有'现在'。"

"嗯。"

"你看医院里的那些人，虽然大家说说笑笑，但还是能感觉到他们心里有很多恐惧和无奈。就是那种……那种……看一眼少一眼的感觉。"

嘉馨的声音有些哽咽。

"我就是觉得……人的生命太不可控了，虽说，人是很强大的，能战胜很多东西，但是有时候又特别脆弱，一个病、一个意外人就没了。没了，就是消失了，世界上再也没有这个人了，就是没了……"

"嗯。"

"我是想着，既然未来那么不确定，那不如好好把握现在。反正人早晚都有'句号'的一天，那现在还没到'句号'的时候，是不是可以换种活法试试看。"

"你想怎么换？"

"我想做点有意义的事，先去学习进修一下，再考个证。这样有了实力，就能多帮一些人活得好一些，也算是感恩吧。"讲到感恩二字的时候，嘉馨抬头看了看窗外，她想起白大仙、黎想、张黎、老领导、给过她真诚建议的朋友们，还有梦中的那道黑影。

"嗯，我支持你，就是你这房贷怎么办？我和你爸的积蓄怕是帮不上你太多。"

"没事，你们的钱留着自己花。我其实想和你商量一下，等俺爸身体再好些了，这个房子我想卖掉。这样就不用有那么大的房贷压力了。咱们回老家，我把咱们老家的房子重新装修一下，你不是一直很喜欢咱家院子嘛，我回家陪你一起养花种菜。"

"那你现在的工作咋办？跟领导说了吗？"

"还没，我想下周去公司就跟领导好好谈谈，领导那么信任我，我不想辜负领导，原本他是想让我负责合并后的新部门的，如果我现

20
"以后"谁都说不准,能把握的只有"现在"

在就辞职,对公司不太负责。让新人一来就负责部门合并也不合适。我想着先帮忙把新部门工作捋顺,把接班人培养好,到时候我再辞职。刚好这段时间俺爸也需要恢复身体和复查,在这儿也方便。"

"你盘算好就行。你长大了,有些决定可以自己做了。我和你爸你不用担心,人各有命,我没啥本事,没能给你一个好的出身,后天全靠你自己了。不管咋样,你开心最重要,别让自己那么累。"

"谁说你没本事了?你这辈子挺过那么多大风大浪,这就是本事。而且,你还生了我这么厉害的妞啊。"

嘉馨下巴放在母亲肩膀上,看着母亲一层一层的剥洋葱。

"是,俺妞最厉害了!你再不起来,辣眼睛了啊!"

嘉馨嬉笑着跑开。

这一刻,嘉馨心里的石头终于落地,有些期待、兴奋,于此同时,也有些紧张、不安。未来的一切都是未知,她不知未来会怎样,但她相信,只要肯努力,总归会越来越好。更何况,是以热爱的方式,重新活出一个心满意足的人生。

嘉馨相信,每个人都可以。

21

最后的秘密：像植物一样活着

"来啦！"

"来了，很奇怪啊，白大仙。"

"什么？"

"那艘船，船上右侧播放的画面不一样了！"

"有什么不一样？"

"以前我看到的是升职、加薪，现在……"

"现在看到了什么？"

"我看到我在台上分享，然后身边围了很多人，他们手里都拿着一本书，很温暖地看着我，他们对我说'谢谢'。我还看到我在我家院子葡萄架下回信，桌上放着一大堆的来信。"

"看样子，似乎你做了什么重大决定？"

"什么都瞒不过你……"

"说说看，做了什么决定？"

"卖房、辞职、换城市、做人生摆渡人。"

"翻天覆地！这魄力！果然是我选中的人！"

"上次你就说了这句话，到底是有什么秘密？"

"先别急，你的花养得怎么样了？"

"看起来还不错，已经长花苞了。"

"很不错哦。"

"嗯，我查询了养护方法，知道蓝雪花喜欢太阳、喜欢水、喜欢肥。就把它放在南阳台，定期浇花多多1号和2号，现在感觉好像也没想象中难。"

"那以前为什么养不好植物呢？"

"我觉得很重要的一个原因是不适合。我之前在老家时买过很多好看的绿植，后来才知道它们属于热带绿植，而老家属于北方，那里的空气温度和湿度并不适合它们，所以养着养着就剩盆了。"

"嗯，很棒的一个觉察，还有吗？"

"还有就是，曾经买到过催熟的花苗，它们本身有点揠苗助长的意思，还没到开花的时候强行开花，结果那一茬花败了之后，整株苗都枯萎了。"

"还有吗？"

"还有，我在查看养护方法的时候学到一件事，养花要先养根，根系好植物才能长好。而且养花真的好多讲究。就像有些花要用稀松透气的土壤，板结的土壤就会根系发育不良，或者排水不好导致闷根腐烂，还有要定期换盆，给根系足够的生长空间，定期施肥补充对应的营养。我还发现一件事,特别有意思。"

"什么?"

"就是有些花容易有虫,以前都是喷药,结果花也不好了。我发现有一种药是洒在土里的,浇水时植物就一起吸到枝叶里了,虫子一吃枝叶就死了。我发现在隐形层的努力有时候更有效。"

"隐形层?"

"对,就像植物一样,我们通常看到的是表面的部分,也就是可见层,看到叶子蔫了就浇水,但有时候明明土是特别湿的,叶子却还是蔫的,这就不是浇水的问题了,是根或者土有了问题。如果继续浇水很可能造成更严重的闷根。这样一来,在可见层越努力可能情况越糟。就像您经常跟我说的,得知道究竟是怎么了,找到导致这个状态的根源问题才行。这个问题的答案往往在土下面,是我们平常看不见的部分,也就是隐形层。"

"你说得很棒,嘉馨。这是不是和我们人生中的努力很像?"

"是的。有时候我们明明那么努力,但是结果却越来越糟糕,大概不是我们笨,只是隐形层出了小问题吧?"

"那我们来聊聊你刚才提到的几个点。第一,热带植物在北方不好养,是关于适合的问题,这就像非要鱼儿爬树、猴子游泳,结局可想而知。"

"是。"

"所以,选择适合自己的路最重要,游泳和爬树本就没有可比性。"

"就像职业没有可比性,成功也没有标准,要做自己适合的事情,才能在滋养的环境中向上生长。"

"没错。第二,你提到的催熟的花最后大多枯萎了,这里面折射的是生命节奏的问题。粮食春种秋收,河水冬天结冰春天开化,乌龟冬眠,候鸟迁徙,每个生命都有自己的节奏,人也一样。过于逼迫自己,反而容易适得其反。"

"您说得对,以前我就是追求快速成长,天天惦记着升职加薪,想早日成功,反而差点丢了自己和亲人……"

"嘉馨,不要自责,努力上进并没错,只是不可揠苗助长。"

"嗯。"

"第三,你提到的养花先养根,非常重要。这和人生的底层内核很像。如果一个人能从可见层、隐形层双向努力,慢慢地就会成为一个'根系'很扎实的人,内心越来越稳。来看这张图。"

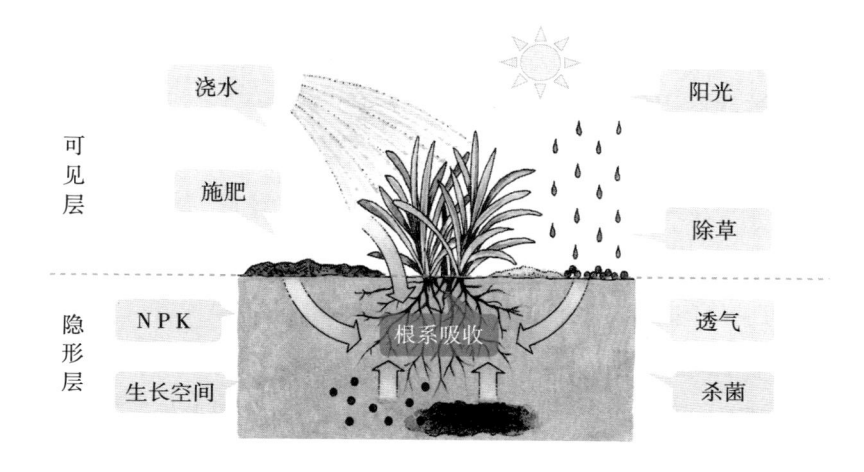

可见层:浇水、施肥、阳光、除草

隐形层:NPK、生长空间、根系吸收、透气、杀菌

"做一个'根系'扎实的人,内心就会更稳。"嘉馨重复着。

"我懂了,就像土壤要稀松透气,人生也要留有呼吸,不能过于压抑自己,或者忙得没有放松空间;植物要定期换盆,就像我们要不断扩展我们的人生半径,扩大视野,这样才能吸取更多的营养,有更多的空间自在伸展。"嘉馨挥动着双臂说。

"补充肥料嘛,就跟人身体要吃饭一样,心灵也是要喂养的,不然心理能量不足,就会感觉倦怠、抑郁、没有动力、无助、茫然、空心感……得多做一些滋养自己的事,生命才能更旺盛……"

"嘉馨,你说得很对!这就是原生动力系统。"

"啊!我懂了!植物看起来没有发芽,并不是它不行,也许它只是在悄悄地扎根、在积蓄能量而已,等时候到了,自然就会发芽、开花、结果。就像您刚才提到的'生命节奏'一样,花开自有时。还有为什么看起来别人不费吹灰之力就能做得那么成功?也许我们看到的并不是全部,也许别人早八百年就已经在积蓄能量了,我们只是看到了它发芽的时刻而已。所以我们不能执着于'表象',而要关注'真相',这就是'两头大象'理论。"

"哈哈,你这两头大象养得很妙啊。"

"我现在终于明白,您为什么要让我观察植物了。这真的是透过生命领悟生命无比直观的方式了。而且,您分享给我的三点,很好地说明了一个问题。"

"什么问题?"

"就是'为什么我们明明那么努力,却依然过不好此生'。"

"那你知道如何滋养自己、积蓄能量吗?"

"嗯,您之前让我每天记录的欣喜时刻里的事都算吧。"

"没错,让你感觉幸福的、感受到爱、感受到快乐的、满足的、有价值的、美好的都可以。再看这张图。"

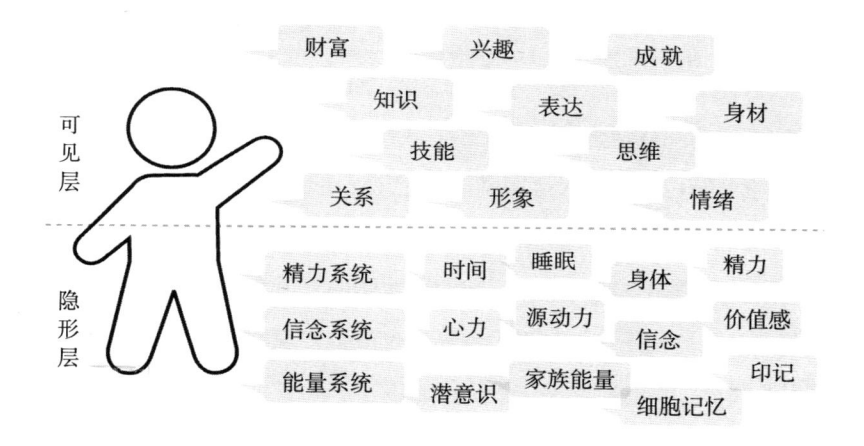

可见层:财富 兴趣 成就 知识 表达 身材 技能 思维 关系 形象 情绪

隐形层:精力系统 时间 睡眠 身体 精力 信念系统 心力 源动力 信念 价值感 能量系统 潜意识 家族能量 印记 细胞记忆

"这是?"

"原生动力系统在人们成长中的一个表现。从这里你就可以看出你平时的努力都在哪层呢。"

"这还真是扎心,以后我得双向努力了。"嘉馨坚定地说。

白大仙补充说:"准确地说,哪里不够补哪里。是可见层的问题,就补可见层;是隐形层的问题,就补隐形层。"

"对!对症下药。"

"刚才我们聊到滋养自己的事,你可以从隐形层中的这三层开始着手,隐形 1 层是精力系统,隐形 2 层是信念系统,隐形 3 层是能量系统。每一层都有很多种方法来助力你修复和提升这一层的状态,咱们以后有机会再细聊。总之呢,记得多做滋养自己的事。"

"好。谢谢您今天分享给我这么宝贵的心想事成的秘密"

"哦？"白大仙一脸期待地盯着嘉馨，嘉馨已经越来越让他惊喜了。

"嗯，前几天黎想分享给我三个秘密，我想我找到第四个了。"

"是什么？"

"像植物一样活着。"

"哦？"白大仙瞪大了眼睛。

"对啊，就是要像植物一样活着，人法地，地法天，天法道，道法自然。要遵循自然的规律，我们刚才聊的'适合''生命节奏''原生动力系统'就是我们实现生命环，也就是实现心满意足的人生的重要根基啊。"

"原来是这个意思！"

"等等，还有第五个！"

"哦？"白大仙再次期待地望着嘉馨。

"驾驶动力系统，它是有效行动的根基。对！有效行动的根基！有效行动不仅仅是在可见层，也有在隐形层的。我想起来了！上次提到踩油门的时候，您就提到过，油门也分在可见层的努力和隐形层的努力，可见层就是我们学习技能、提升见识、积累资源、争取支持等各种可见的或者与外部相关的努力，隐形层就是修复和提升精力系统、信念系统、能量系统，这些让根系更扎实的努力。我懂了，原来生命环、生命清单、原生动力系统、驾驶动力系统，都是环环相扣的，天啊，都串起来了！"

最后的秘密：像植物一样活着

> 心想事成的秘密 1：弄明白真正想要的是什么。
>
> 心想事成的秘密 2：坚定地要，现在就要！打直球：精力聚焦 + 有效行动。
>
> 心想事成的秘密 3：说出你的心愿。
>
> 心想事成的秘密 4：像植物一样活着（遵循适合、生命节奏、原生动力系统）。
>
> 心想事成的秘密 5：驾驶动力系统。

"串得非常好！恭喜你，你的一阶可以毕业了，我的使命也完成了。"

嘉馨愣住了，心里隐约有些不舍。

白大仙跳回那个粉红色座椅。

"嘉馨，每个人的未来总是不确定的，正因为如此，你可以让它确定成你想要的任何样子。把时间花在与你 PFE 有关的、你开心幸福的事上。最后，我再送你三份能量，希望能在你需要的时刻给你力量。拿出你的遥控器。"

嘉馨拿出遥控器，自从上次白大仙送给它之后，她就时常携带着。

"现在，我为你的三个按键注入能量：一个叫'勇气'，它能帮你打败不安；一个叫'希望'，它能帮你驱散沮丧；一个叫'行动'，它能助你摆脱内耗。"

话音刚落，只见三束彩色的光飞入遥控器，随后，三个按键亮了。

22
你也会在任何时候，成为任何样子

周一，嘉馨早早地来到办公室，看着同事们陆陆续续来到办公室的身影，嘉馨突然有种很奇妙的感觉。原本，这一切是那么的熟悉，她曾经也是其中的一员。此刻，她却仿佛变成了观影人，欣赏着眼前的一幕幕。

"接下来的人生剧本，我自己来写，我只做自己的女一号。"

嘉馨深吸一口气，走进了老领导的办公室。

接下来的日子，充实而又新鲜。

嘉馨忙碌着部门合并的各种琐事，培养接班人，制定部门管理和工作流程，整理资源。

下班后，除了和母亲一起照顾父亲，嘉馨就躲在房间里学习。

半年很快过去了。

嘉馨终于考取了心心念念的心理咨询师和生涯规划师。她知道，她需要不断地学习，而她越来越爱这种充满无限可能的向上的感觉。

嘉馨的房子迎来了第6位看房客户，打开门的一瞬间，嘉馨愣住了。来看房的人，正是那位又高又帅的小白——黎想的男友。他说，他想给黎想一个家。听到这句话，嘉馨无比地感动，真心为黎想高兴。

合并后的市场品牌部渐渐步入了正轨，嘉馨将工作交接给了接班人，正式递交了辞呈。

走近公司大门的那一刻，嘉馨想起那一次在酷暑下晕倒，一切仿佛历历在目，可短短半年多，已物是人非。

推开门，天空飘着雪花，她深深地吸了一口气，把大衣裹得更紧了。

她知道，前面的路会是另一条全新的路，虽然不知会发生什么，但她更期待了。正如子灏师兄所说："正因为未来不确定，你可以把它确定成你想要的任何样子。"

此刻，她已经准备好去迎接、去亲手编制另一段人生织锦了……

接下来的日子，依然是忙碌的，似乎什么都没变，又似乎什么都变了。

她一边分享自己33岁改写人生的故事，一边改造院子，筹备自己的改写人生工作室。

头顶的太阳，还是那个太阳，只是，如今在小院竹椅上感受到的阳光，与办公室窗外的阳光有些不同。

亲戚还是那个喜欢攀比的亲戚，只是，如今她端了一盘水果来

你想活出怎样的人生
摆渡船上的人生哲学

找母亲聊天八卦，曾经令人厌恶的眉飞色舞，如今看来也变得可爱起来。

这一年，她收到越来越多的粉丝对她的倾诉，对她生活的向往，对她的鼓励。

于是，她开了一个"解忧专栏"，为粉丝解决各种烦恼。

"嘉馨，把你的故事写成书出版吧，我们一定第一个买！"

"对，我们都买！"

"快写快写！"

看到粉丝的留言，嘉馨静静地望向窗外的夜空。

她喜欢坐在窗边的书桌前，因为只要一抬头，就能看见漫天的星星。老家的夜空和城市不同，总是透着一股神秘、一份宁静。

"写书，真的是时候了吗？"

嘉馨有些担忧，心想如果白大仙在就好了，不知白大仙这会儿是不是又坐在粉红色座椅上推着眼镜呢。

"嘉馨，放心去做。"嘉馨似乎听到了白大仙的声音。

"白大仙？是你吗？"

嘉馨跑到院子里，却只听到蛐蛐的叫声，以及远处偶尔传来的狗叫声。

一年后。

新华书店的报告厅内，挤满了人。在讲台的大屏幕上，赫然播放着嘉馨的照片和她的新书，书名叫作《你想活出怎样的人生》。

"有时候，能拯救你的还是你自己。我们遇到的所有人，其实都是自己。你可能会在任何时候,成为任何样子。

"我们之所以能帮助别人和被别人帮助,不是谁比谁有多厉害,而是作为一个真实的个体,我们站在了同一条生命的河流当中。祝愿我们每一个人都能活出心满意足的人生,做自己的人生摆渡人,成为发光的自己,成就有光的身边人。"

台下响起阵阵掌声。随后,书友们纷纷捧起书、排起长队,等待签名。

嘉馨一本本用心地签写祝福语,与书友合影。

突然,放在嘉馨面前的,除了嘉馨的新书,还有一只戴着眼镜、坐在粉色座椅上的兔子。

一个低沉又有磁性的声音响起:"请问,您的改写人生工作室招人吗?"

嘉馨好奇地抬起头,心跳加速。

映入眼帘的,是一双清澈的眼睛,一张干净的面庞……

附录一

这本书的隐藏用法

嗨,嘉馨的故事还在继续,你的后半生准备如何开始呢?

我猜,你人生中的某个时刻,也会成为你生命线中的一个重要圆点。

不必等风来,因为你跑起来时就有风。

现在,我想再为你提供一些支持,希望能助你心满意足地走好脚下的路。

心想事成・白大仙的月光锦囊

> 白大仙说，"希望"，它能帮你驱散沮丧。

恭喜您获得了白大仙的月光锦囊[①]，现在，开始解锁吧。

- 余生计算器
- 生命环
- 生命清单
- 生命线记录图
- 原生动力系统
- 驾驶动力系统

步履不停・有效行动指南

> 白大仙说，"行动"，它能助你摆脱内耗。

[①] 关注公众号"跨界力"，回复对应的资料名称，即可解锁领取相应资料或全新彩图。

基础进阶：完成书中的跟练，并制作自己的人生之书

书中的许多行动并非虚构，已有无数学员、书友在践行。观看不如行动，愿你能拥有一本属于你自己的《人生之书》，一定要写上你这位主人公的名字。好期待看到你的成果，记得告诉我（在小红书、视频号等媒体平台 @ 我——作家董佳韵）。

基础进阶：加入书友会[①]

免费加入"发光人生书友会"。

不仅可以与书友一起探索书中隐藏的各种暗喻细节，还可以参加"探秘共读""奇迹共修""解忧时间"，以及不定期的成长活动，保持弹性思维及持续进阶，修习心想事成的能力。

扫码回复"书友会"
即可加入

中级进阶：延伸阅读《跨界成长》《跨界力》

你可以拥有这两本同系列成长好书，愿你能借由书中的工具方法，在迷茫时做出最优选择，让你和产品更受欢迎，人脉爆棚。

[①] 关注公众号"跨界力"，回复"书友会"，即可免费加入本书作者亲自带领的"发光人生书友会"。

中级进阶：帮助他人，组织共读会

你可以把这本书作为一份特别的礼物（写上你的祝福），送给你最关心的朋友们和温暖的书友们，一起帮助他们走出人生的迷茫，实现心想事成的人生。

你也可以主动发起线上共读会或线下共读沙龙，用你的光温暖更多人。愿你由此遇见更多的生命挚友，一路同行，一路成长。

深度进阶：申请成为"人生设计师"[①]

如果你也希望成为一名"人生摆渡人"，成为点亮他人的人生导师，请继续向前，成为中国"百位人生导师"发光行动的一员，愿你由此遇见更多的感动和欣喜。

深度进阶：申请成为"发光主理人"[②]

如果你也希望成为你所在城市的一束光，拥有你的城市影响力，用你的微光点亮更多人的生命火花。欢迎一起并肩向前，一起做件有意义的事。愿你成为发光的自己，也成就有光的身边人。

---

① 请在公众号"跨界力"的底部菜单栏或书友会中申请。
② 请在公众号"跨界力"的底部菜单栏或书友会中申请。

勇往直前·摆渡船上的人生哲学

> 白大仙说,"勇气",它能帮你打败不安。

1. 改变的发生并不来自冥思苦想,而是来自新东西的闯入。

2. 老天给我们的人生准备了许多份礼物,只是有的包裹着痛苦的外衣。撕开它,你会发现这些都会变成你未来的福气。这样的福气往往以重要时刻的方式出现:顿悟时刻、开窍时刻、重生时刻……

3. 对我们每个人而言,低谷是"弹床"也说不定。借由这股低谷之力,我们可以将自己"弹出来",弹得更高……

4. 我们的思想是过去的经历、经验、记忆的综合,旧有的思想只会带来旧有的行动,旧有的行动也只能带来旧有的结果。

5. 除非你现在的心愿真的是你的心愿。

6. 有些人一直在追求的心愿,只是他以为他想要的,而未必是他真正想要的。

7. 只要你不想,任何人的帮助都会失效。

8. 任何人都无法强迫别人改变,除非这个人本人愿意。从另一维度说,任何人也都没有权力干涉别人的生命节奏,我们每个人的生命活法都值得被尊重。

9. 不管未来会如何,总归我不想继续现在的样子了。

10. 我们每个重要选择的确认键，都需要我们自己来按，并且承担按下之后的结果。任何人都替代不了。

11. 那些看似"不得不"的选择，有没有可能是你自己选择了"不得不"？

12. 有些选择虽然让我们很"不爽"，但我们之所以选择，也许正是因为，与"不爽"同在的还有我们不愿舍弃的"好处"，只是这份"好处"被我们藏起来了。

13. 人生的确认键，只能自己来按。无论未来会如何，自己的人生要自己承担。而且，我们的很多选择看似是被迫的，但其实也是我们自己选择的；如果不想接受某个结果，那就去改变这件事；如果改变不了，那就试着改变看这件事的视角。

14. 别人的答案，未必是你的答案。

15. 如果目标和行动并不一致，这里说不定就藏着什么秘密。

16. 我们的人生剧情有三种：我们希望别人看到的、我们渴望的、我们真实感受到的。

17. 打妖怪不是你要取的经，妖怪只是你取经路上的磨砺。

18. 工作不是我生命中的唯一，它只是我人生中的一个角色而已，是在帮我实现我想过的人生的一条通道。

19. 我们努力，明明是在追求让自己生活得更好，可伴随努力而来的却可能恰恰相反，有时不得不承认，更糟了。

20. 你想怎么活、你的存在有什么意义，只有你自己知道。或者说，只有你自己可以定义。
21. 存在本身就是有意义的，它无关别人的标准。
22. 人生的轨迹和每一段路的结果都是你的选择。重要的是要守住欲望，对准真正的心愿，才能不偏航啊。
23. 你希望无意识地过一生，还是心满意足过此生？
24. 至少，你走的每一步、你的每一个选择，都是你当下认知范围内做出的最好的选择。只要你每一步都走得清晰澄明，那你这一生不就是一个你说了算的人生？
25. 所有出现在你生命里的人，他们是否会影响你的整个人生轨迹，这取决于你。
26. 原来在生命的织锦里，不只有写字楼里的拼搏，不只有战场的厮杀，还有这里的搏命——博自己的命。
27. 人，总是要死的，重要的是怎么活。
28. 很多人老说"活着"什么的，我以为"活"对应的就是"死"；现在我觉得不是的，"生"才对应着"死"。"生"是我们最基本的存在，出生、生长、生存、发展、生生不息的生命延续，还有生命力。但我们生存得如何？生命力如何？要看我们是怎么"活着"的。"活"是我们生命存在的状态，我该怎么存在？能不能活得有趣、活出意义、活得绽放？

29. 我喜欢这样的踏踏实实的,"正在"生活着的感觉,我感觉到"我在"这里,也知道"我在做什么"。

30. 认真地感悟过"死",才能更好地看待"生"。

31. 当你决心去做一件事,全世界都会为你让路。

32. 原来,这个世界并不是我曾经以为的那样,我并不是"无路可走"。您说得对,每个人的人生都藏着太多可能了,只是我们没有发现、没有打开灯而已。

33. 想要活得心满意足,就得活出自己的人生,是自己的,不是别人的,是在我们的人生中包含那些重要的人,但不是只有别人,没有自己。

34. 尽可能地多做一些自己喜欢的事,见喜欢的人,说喜欢的话。哪怕不是一整天都这样,但只要每天都有这样的"欣喜时刻",这一天就是美好的。

35. 每天都增加一个"欣喜时刻",而且要逐步拉大"欣喜时刻"在我人生中的比例。如此一来,我的人生不就越来越快乐,越来越心满意足吗?

36. 此刻起,拿好你自己的人生遥控器,按你自己的意愿,选择你的人生按键。

37. 即便外界和客观的发生你无法选择,但你依然可以选择如何面对他们。

38. 我们的人生就像一张巨大的生命织锦,我们遇见的每个人,也有他们的人生轨迹，有他们自己的生命织锦。我们的相遇，就像一张张巨大的生命织锦的相遇。我们会遇见很多的人，也会走进很多人的生命。

39. 生命线，它是完成线，是我们在走的人生轨迹；不是预告线，不能预知未来，它是我们自己走出来的。也就是说，我们怎么走，这条线就是什么样子。而我们怎么走，我们自己说了算，只要我们把自己的人生遥控器握在自己手里。这样一来，我们想走出一个怎样的人生轨迹，那我们就怎么去做，这样做了，这条线就按照我们的心意向前延展了，这……这不就是心想事成吗？

40. 强烈的渴望和积极有效的行动，是心想事成的关键。

41. 心想事成的秘密之一：永远知道你真正想要的是什么。

42. 你想要的人生是什么样的，答案只能来源于你自己。

43. 生命的"启明灯"（两种追问法和三看三问），就像月光照亮黑夜；前行的"路灯"（探索人生的百种可能），照亮你前行的路；前行的"车灯"，指引你脚下的路。

44. 一个人，只有认同了别人的评价和否定，才会感受到沮丧，感受到压力，感受到自卑。只要你坚守好你做这件事的初心，别人的评价就不会轻易动摇你。

45. 地球是圆的，总有人在你前面。你有你要去的地方，别人有别人要去的地方。每个人都有自己要走的路，也有自己的速度。

46. 每个阶段都会遇到迷茫，就像我们开车路上遇到的一个个岔路口，要做出一个个的选择。但是，这些岔路不是为了拦住我们，而是在带我们去向最终的目的地；是在引导我们去完成生命的跃迁和过渡；也是在给我们坚定向前或重新选择的机会。

47. 要把精力聚焦在你想要的事情上，只做或尽可能多做与你想要相关的事；采取有效行动，不做无用功，尤其是在精力不足的情况下，尽量做对结果直接有用的行动——这就是"打直球"。

48. 有效的努力就是集中精力聚焦在我们想要的事情上，然后在我们最该关注的这个核心问题上直接采取有效的行动。

49. 大多数的问题之所以伴随着内耗、恐惧，是因为把问题当成"宝贝"，死活不肯撒手啊。

50. 幸福感与单纯的外界某个因素的数量无关，只和一个百分比有关，它叫作能被感知到的满足感。

51. "以后"谁都说不准，能把握的只有"现在"。

52. 大多数人都像别人在意自己那样，只在意自己飞得高不高，而非飞得快不快乐。

53. 每个人的未来总是不确定的，正因为如此，你可以让它确定成你想要的任何样子。把时间花在与你 PFE 有关的、你开心幸福的事上。

附录二

我的朋友圈·写于 2024 年 2 月 3 日

序言中，我提到从 30 岁开始，我的人生就已经在酝酿一场"上天入地"。以下是我在 37 岁生日前夜发布的文字，也许读完这段幕后故事，你会从另一个角度体会本书的故事。

37 岁生日会：我没说过的故事

嗨，还有三天，我就 37 岁了！准确地说，37 岁的是我的身体，我的年龄嘛，它是个变量。相比 30 岁，我似乎更喜欢现在这个"可变身"的自己，哈哈哈。

时光以它自己的步调不急不慢地走着，而我的步调也在悄无声息地发生着巨大的变化。

七年前的这个时候，我带着满身伤痛和对未来的茫然，按下了人生的"暂停"键。再次走出房门，你敢信吗？只是为了一件事：花光手里的钱。

考驾照、去旅行、学尤克里里、学英语、画画、做手工、上任何想上的课、做任何想做的事，去触碰千百种人生活法，探索神奇的生命力量……

钱没花完，我却突然醒了：原来我可以去做我想做的事，我可以选择任意一种人生活法，我的人生是我自己的，不是任何人的，我不必总是遵循"所谓的应该"。

30岁那年，我开始举办女性论坛，办沙龙，场场爆满——那段时间我第一次感受到"活着"不是个状态词，而是个动词。

我突然意识到，当到达人生折返点的时候，你要允许新的生活开始发生。有时候老天会给我们开个玩笑，其实是为了让我们有机会开始新的生活。

我们学过物理，如果要转弯，需要有一个力的加入才能发生。要面对这一切真的很难，但我们远远比你想象的更坚强。

父亲离开后，我开始真切感受到生命的存在和消失。

生命在的时候，一切的追求才有意义；当它不在了，就是不在了，无论说是轮回或是在另一个世界继续，至少在这个世界，就是消失了——伸出手，触不到、抓不到。

[1]

我开始时常想，在我生命画句号的那一刻，如果也会遇到有些书上说的那条播放着一生重要画面的长廊，我会怎样看待这一世的体验？

我突然想到一个未完成的梦想：写书。

32 岁那年，我开始拜访作家，开始写书。

34 岁那年，人生的第一本书《跨界力》在清华大学出版社出版，得到了美国洛杉矶前任副市长陈愉（Joy Chen）、100 位知名品牌负责人的联合推荐。

从此，我也过上了大学时就非常羡慕的生活方式——写书、讲课、咨询。

[2]

35 岁那年，我又开始思考：我的 PFE 究竟是什么，我的生命火花是什么？

那一年，我启动了《佳韵有约》栏目，连线国内外影响力人物。

生日那天，歌手沈丹丹来到直播间献唱了成名曲《不是因为寂寞才想你》，国际畅销书作家罗伯特·沙因费尔德（Robert Scheinfeld），亲自送上生日祝福。

在她们身上我看到了闪闪发光的样子。我意识到成为发光的自己，成就有光的身边人，是多么令人心动的一件事。

于是，我坚定了在这一世的角色——人生摆渡人，像船夫一样，摆渡那些遇到困扰，或怀有心愿的灵魂，从河的这边渡到河的那边。

每次收到感谢信和喜讯，都让我明白这条路是多么有意义，我自己也被深深地滋养着。

可我发现阻碍许多人的并非表面的那些困扰。

[3]

36岁那年，我开始思考：如果能像升级手机系统一样升级生命软件，该多好？

于是我又研发了两套人生动力系统，开设了改写人生系列、人生设计师导师班。

老天大概就是那么眷顾有爱有光的人吧，紧接着，就又实现了一个意料之外的惊喜。

是啊，老天大概感受到了温暖，看见了这一片微光吧……

4月，第二本书《跨界成长》上市；11月，《跨界力》的中文繁体版在台湾地区上市——我的书竟然突然就被台湾同胞读到。

[4]

国庆前,一个姐妹问我,什么时候还举办沙龙?

她说:"我从没跟你说过,三年前参加沙龙的时候是我生命最艰难的时刻,就是参加了咱们的沙龙,我挺了过来。"

我忽然惊觉:那段时间,也是我人生最灰暗的时刻……

原来,即便身处黑暗,我们依然可以用微光温暖别人。于是,我答应她,一定会重新启动沙龙。

国庆时,沙龙重新面世。

每次都有外省、外市的姐妹过来参加。大家相谈甚欢,结束后一小时还在畅谈意犹未尽。

她们对我说:能不能一起做沙龙,我也想发光发亮……

那一刻,我心里哽咽了……

[5]

37岁了,我想满足她们的发光心愿,扶持她们成为中国的发光主理人,用我们的微光汇聚成点点星河,去照亮更多生命,也成就她们的城市影响力。

这就是我的七年:

- 30岁,跨过生命的低谷,见到了更多的生命活法;
- 31岁,重新认识了"生命"——见证了"经历真的会改变一个人的世界";

- 32 岁，我开始履行写书梦想——见证了"梦想不过是现实化了妆的模样"；
- 34 岁，我改变了自己的商业飞轮和生活方式——见证了"生活可以变成我们曾经羡慕的模样"；
- 35 岁，我找到了 PFE 和生命火花——见证了"找到热爱和使命，就会成为一束光"；
- 36 岁，我升级生命软件并重启沙龙——见证了"你可能不知道谁会凭借你的光走出黑暗"；
- 37 岁，我活得越来越像自己，可大可小的那个自己，用自己的人生遥控器和喜欢的一切在一起。

我用了 37 年，才明白一个道理：在人生的跑道上，你不一定要拼了命地向前跑；相反，你可以有你自己的速度和前行的方式。

- 有人脚步匆匆，有人步履悠闲。
- 有人花三分钟泡面，有人花三小时煲汤。
- 有人喜欢鲜切花，有人喜欢种花。
- 有人看的是结果，有人爱的是生活。
- 你并不需要成为某个更好的别人，只需要认真找回原来的自己。
- 每个人都是自己生命剧情的导演，我们可以活成任何想要的样子。

那，这一世，你想活成怎样的自己？

许个愿吧，我们一起活成想要的样子。

后记

白大仙来信了

嘉馨：

  恭喜你又实现了一个心愿，你正在迈向心满意足的人生。能够看着你一步步实现你的生命环，看到你一直在探索和实现你的PFE，真的很为你开心，更荣幸我能陪伴和见证这一切。

  你不是一直很好奇那个问题的答案吗？

  此刻的你，就是答案。

  每个人都有属于自己的生命火花，只是有些人的火花被一路以来的风雨浇灭，而有些人的火花则越燃越旺。

  那天，听到你激动地说，你希望成为照亮别人生命的一束光，我无比的为你骄傲。

  如果这个世界上能有更多的"人生摆渡人"愿意点亮人们心中的

火花，重新找到自己，活出心满意足的人生，相信会有更多的生命闪闪发光。

  我们希望在每个城市都能拥有这样的"人生摆渡人"，就像地球上空一颗颗闪亮的星星，最终大家汇聚成一片灿烂的星河，让每一个抬头望向夜空的灵魂，看到的不再是无尽的黑暗，而是动人的希望。

  你愿意吗？

  对了，虽然我的第一程使命已经结束，但每当你仰望星空时，正在闪烁的那颗星星，就是我。

  记得握紧你的遥控器！我们会再见面的！

白大仙